natürlich oekom!

Mit diesem Buch halten Sie ein echtes Stück Nachhaltigkeit in den Händen. Durch Ihren Kauf unterstützen Sie eine Produktion mit hohen ökologischen Ansprüchen:

- 100 % Recyclingpapier
- mineralölfreie Druckfarben
- Verzicht auf Plastikfolie
- Finanzierung von Klima- und Biodiversitätsprojekten
- kurze Transportwege – in Deutschland gedruckt

Weitere Informationen unter www.natürlich-oekom.de und #natürlichoekom

Die zugrundeliegenden Arbeiten wurden im Rahmen des Waldklimafonds-Projekts „Analog" vom Bundesministerium für Ernährung und Landwirtschaft und dem Bundesministerium für Umwelt, Naturschutz und nukleare Sicherheit aufgrund eines Beschlusses des Deutschen Bundestages gefördert.

Bibliografische Information der Deutschen Nationalbibliothek:
Die Deutsche Nationalbibliothek verzeichnet diese Publikation in der Deutschen Nationalbibliografie; detaillierte bibliografische Daten sind im Internet über www.dnb.de abrufbar.

3. Auflage, 2025

oekom – Gesellschaft für ökologische Kommunikation mbH
Goethestraße 28, 80336 München

Layout und Satz: Markus Miller
Korrektur: Maike Specht
Umschlaggestaltung: Laura Denke, oekom verlag
Umschlagabbildung: © Adobe Stock/Friedberg
Druck: Elanders Waiblingen GmbH, Waiblingen

ISBN 978-3-98726-104-6
https://doi.org/10.14512/9783987263484

Christian Kölling

WÄLDER IN BEWEGUNG

Eine Reise durch hundert Jahre Wald- und Klimazukunft

Inhaltsverzeichnis

Vorwort

Wald wird oft mit Wildnis gleichgesetzt und Wildnis mit reiner, guter Natur. Menschliche Eingriffe in diese gefühlte »Waldwildnis« werden deshalb von manchen kritisch gesehen. Dabei ist der Wald, den wir heute haben, weit überwiegend ein Produkt menschlicher Gestaltung der vergangenen Jahrhunderte. Dieses langfristige waldkulturelle Management ist der Kern forstlicher Nachhaltigkeit.

Wilde Wildnis

Moderne Menschen, die heute an Wildnis denken, meinen meist Nationalparks, Naturschutzgebiete oder auch die weitgehend kontrollierte Wiederansiedlung von Luchs, Bär und Wolf. Diese Wildnis wird positiv gesehen. Der ursprüngliche Begriff von Wildnis meinte aber etwas anderes, etwas, das mächtiger ist als der Mensch, etwas, das er nicht beherrscht, etwas, das er nicht steuern kann, dem er auf Gedeih und Verderb ausgeliefert ist. Jahrtausendelang war das die wilde, natürliche Natur, die die Menschheit, die ums Überleben rang, mit undurchdringlichen Dschungeln, mit Raubtieren, mit Viren und Bakterien oder mit Unwettern bedrohte. Diese ursprüngliche Wildnis machte Angst, Wildnis war ganz und gar negativ, wurde bekämpft und »kultiviert«. Heute hat der Mensch diese ursprünglichen, wilden Naturgefahren durch Technik, Medizin und Wettervorhersage weitgehend im Griff. Er gestaltet selbst seine Umwelt und ist ihr nicht mehr schutzlos ausgeliefert. Ja, wir Menschen schützen mittlerweile sogar die wenigen Reste natürlicher Wildnis, indem wir ihnen in Nationalparks und anderen Schutzgebieten Raum geben und sie zur Erholung nutzen. Damit haben wir die natürliche Wildnis paradoxerweise in ein beherrschbares Kulturgut verwandelt.

Menschengemachte Wildnis

Aber die Menschheit hat auch, und das ist der wesentliche Punkt, eine neue Art von Wildnis geschaffen, eine menschengemachte Wildnis, die uns wirklich bedroht, die wir nicht beherrschen, die wir (noch) nicht stoppen und auch nicht steuern können. Dazu gehört an erster Stelle die menschengemachte Erderwärmung, die Klimazonen verschiebt, Meeresströmungen beeinflusst, ganze Ökosysteme verändert und so auch Migrationsströme in Gang setzt. Auch die Verdreckung des Planeten durch unseren Zivilisationsmüll ist ein Beispiel für diese anthropogen erzeugte Wildnis, die in Form von unbeherrschbarem Mikroplastik bis in unsere Körper zurückschlägt. Inzwischen sind zahlreiche ökologische Kippelemente bekannt, die, wenn sie erreicht werden, das Artensterben verstärken, die Gletscherschmelze beschleunigen, den für Europa so wichtigen Golfstrom verlangsamen und, und, und. Das ist die Lage, in der wir uns heute als Menschheit befinden: Wir sind dem ausgeliefert, was wir durch die Summe unserer invasiven Lebensstile an Chaos dem Kosmos der Natur aufgezwängt haben.

Der weltweit bekannte und in Oxford lehrende Umweltphilosoph William MacAskill schreibt, bezogen auf diese dramatische Situation: »Auf unseren Schultern lastet eine enorme Verantwortung, weil das, was wir als Gesellschaft heute tun, Auswirkungen auf unzählige zukünftige Generationen haben wird.« Er schlussfolgert daraus, dass die heutige Generation eine besondere Verantwortung zum Handeln hat. Handeln müssen wir als Menschheit schnell, und zwar auf allen Ebenen und in allen Feldern: global, regional, lokal und auch als Einzelne.

Walderhaltung braucht Waldveränderung

Ein besonders wichtiger Bereich, in dem Handeln gefordert und auch möglich ist, ist der Wald. Er leidet zum einen besonders stark unter der Klimaerwärmung, weil die künstlich angebauten Baumarten, meist sind es Fichte und Kiefer, sich mit dem kommenden Klima schwertun. Aber auch die natürlichen Waldgesellschaften mit der Hauptbaumart Rotbuche kommen mit der sich rasant verändernden Umwelt immer schlechter zurecht. Warum? Weil das Ökosystem Wald träge ist und sich natürlicherweise nur in Zeiträumen von Jahrhunderten bis Jahrtausenden anpasst. Der Klimawandel überfordert also unsere Bäume, weil sich Temperatur und Wasserverfügbarkeit, erdgeschichtlich gesehen, so rasant verändern, dass diese langlebigen Großlebewesen, die im wahrsten Sinne des Wortes auf jahrhundertelange gleiche Standortbedingungen »geeicht« sind, sich nicht dem vom Menschen gemachten Tempo anpassen können. Bei der nacheiszeitlichen Wiederbewaldung Mitteleuropas, die vom Mittelmeerraum ausging, brauchte die Buche beispielsweise 1000 Jahre, um eine Strecke von 300 km zurückzulegen. München – Würzburg: 1000 Jahre, München – Berlin: 2000 Jahre!

Der Mittelmeerraum war das eiszeitliche Rückzugsgebiet unserer Bäume. Es ist voll mit Arten, die an trockenes und heißes Klima angepasst sind. Es gibt dort elf Tannenarten und 13 Arten von Eichen. Zum Vergleich: In Deutschland gibt es nur eine Tannenart, die Weißtanne, und drei Eichenarten. Aber nicht nur die Artenzahl ist dort hoch, auch die lokalen Herkünfte dieser Arten sind vielfältig, und vor allem, sie alle sind genetisch angepasst an die jeweilige Höhenlage, den Boden und das lokale Klima. Deshalb herrscht in der Region am Mittelmeer aus klimageschichtlichen Gründen ein Reichtum an genetischer Biodiversität unter den Baumarten, die noch dazu direkt mit unseren verwandt sind.

Christian Kölling stellt in diesem Buch mit klarer und bildreicher Sprache entfernte Analogregionen vor, also Gegenden in Südeuropa, in denen heute schon Klimabedingungen herrschen, die bei uns noch kommen werden. Dort hat sich die Natur im Laufe der Evolution mit dem Ökosystem Wald an die lokalen Standortbedingungen bestens angepasst. Die Baumarten und ihre unterschiedlichen Herkünfte, die in Analogregionen vital sind, sind pflanzliche Fingerzeige und Weiser für unser kommendes Klima. Wir können also der dortigen Natur ablauschen, welche Arten und Herkünfte am besten an das angepasst sind, was bei uns noch kommen wird. Wenn wir diese Bäume, Champions des Südens, Champions der warm-trockenen Anpassung, bei uns einbringen, überspringen wir damit viele Jahrhunderte der Anpassung in kleinen Schritten, die die Natur allein dafür bräuchte. Dieses Unterstützen einer grundsätzlich natürlichen Entwicklung hilft, die Geschwindigkeit auszugleichen, mit der der Mensch den Klimawandel befeuert hat.

Was ist der Nutzen? Warum nicht die Natur allein machen lassen?

Weil die Existenz des Waldes bei uns massiv bedroht ist und damit auch seine positiven Leistungen: die kühlende Schattenwirkung, die Wasserhaltefähigkeit, die Vielfalt von Flora und Fauna. Nichts tun bedeutet in den meisten Fällen zuerst einmal Kahlflächen mit steppenartigem Klima und viel Gras. Aber die Samen des Vorgängerbestandes im Boden werden keimen und dann nochmals ein bis zwei Generationen mehr oder weniger reine Fichte bzw. Kiefer hervorbringen. Also vielleicht nochmals 100, 200 Jahre Folgemonokultur und Folgekalamitäten? Denn wo sollen die Mischbaumarten herkommen? Je naturferner der Ausgangsbestand ist, desto wichtiger ist die gelenkte Anpassung durch den Voranbau klimaangepasster Bäume, denn eine Monokultur verjüngt sich nicht von selbst zu einem Mischwald. Walderhaltung braucht Waldgestaltung.

Es liegt also nahe, heute schon zu schauen, was in Analogregionen gedeiht, damit wir mit Unterbau und Voranbau den Wald an das kommende Klima schnell anpassen können, um ihn bei uns durchgehend zu erhalten, mit all seinen positiven Wirkungen.

Paradigmenwechsel

Vor 200 Jahren waren unsere Wälder völlig übernutzt und ausgeplündert, sie wurden beweidet, und noch das kleinste Blatt wurde ausgerecht, um es als Streu in den Stall und als Dünger auf die Felder zu bringen. Die Waldbilder damals glichen eher gerupften Parklandschaften als dunklen Wäldern, die Böden waren ausgelaugt. In den letzten beiden Jahrhunderten haben Waldbesitzende und Forstleute die Wälder zunächst aufgebaut und später mit Durchforstungen gepflegt. So konnten sich stabile, holzreiche Bestände entwickeln. Als Folge stellte sich das ökologisch so besondere Schattenklima der Wälder mit seiner eigenen Flora und Fauna ein. Freilich war die Orientierung am Nadelholz stark, der Hang zu einförmigen Wäldern ausgeprägt, weil sie damals wirtschaftlicher schienen und leichter planbar.

Aber auch mehrere innovative Ideenwellen haben andere Sichtweisen und wichtige Veränderungen gebracht: Schon in den 1880er Jahren forderte der Münchener Forstprofessor Karl Gayer den gemischten Wald. In den 1920ern war es Alfred Möller aus Eberswalde, der die Idee des Dauerwaldes entwickelte. In den 1950ern taten sich forstliche Vordenker in der Arbeitsgemeinschaft Naturgemäße Waldwirtschaft zusammen. Sie wollten achtsam und an der Natur orientiert arbeiten. Lange wurden sie kritisch beäugt, aber ihre Idee des reich strukturierten, ungleichaltrigen und gemischten Waldes setzte sich besonders in der Waldkrise der 1980er-Jahre durch. Damals bedrohte der schwefelsaure Regen die Wälder Mitteleuropas. Das Problem wurde innerhalb eines Jahrzehnts vor allem durch Gesetzgebung behoben: Die Industrie musste Entschwefelungsanlagen einbauen, die Emissionen gingen um über 90 Prozent zurück. Der Wald war gerettet.

Es blieb aber auch das neue Denken: eine naturnähere Bewirtschaftung, in der nun Naturverjüngung, Totholz, langfristige und achtsame Verjüngungsverfahren eine wichtige Rolle spielten. Impulsgeber waren hier die Landesforstverwaltungen, die sich die Ideen der Naturgemäßen jetzt aneigneten.

Heute stehen wir mit dem globalen Klimawandel vor noch größeren Herausforderungen, die sich nicht mehr national und auch nicht so schnell lösen lassen. Deshalb ist die Anpassung der Wälder heute unerlässlich und wegen der Geschwindigkeit der Veränderungen auch hochdringlich.

Neues Denken, Waldkultur 2.0

Es ist das Klima, das für unsere heimischen Baumarten fremd geworden ist. Deshalb sind Bäume des Südens nicht fremd, sondern klimaheimisch bei uns. Denn fremd, so der Humorist Karl Valentin, ist das Fremde nur in der Fremde. Wenn das Klima für hiesige Wälder aus Fichte, Kiefer, Buche und Co. nicht mehr heimisch ist, brauchen sie Starthilfe, um im neuen Klima der Zukunft stabile Ökosysteme ausbilden zu können. Das ist im Interesse von uns heute und erst recht von den Menschen, die diese intakten Ökosysteme in der Zukunft brauchen werden. Aber nur wir heute können wegen der Langfristigkeit der Wirkungen jetzt und hier handeln. Wenn wir die Existenz unserer Wälder nicht gefährden wollen, müssen wir Zukunft unternehmen und nicht unterlassen: mit Mut und Bedacht, aus Erfahrung und mit Fantasie, entschlossen und zugleich achtsam. Es geht um ein enkeltaugliches Morgen.

Bei den Menschen vor Ort liegt eine ganzheitliche Gestaltungsmöglichkeit und auch eine Gestaltungsverantwortung. Der Philosoph Andreas

Weber spricht von »indigenialen« Lösungen. Er meint damit »geniale« Lösungen von Menschen in ihrem Umfeld, die ihre Heimat für morgen und übermorgen gestalten und bewahren wollen, indem sie an traditionelle Nutzungskonzepte anknüpfen, aber auch moderne Forschung integrieren. Mensch und Natur sind eins, interagierend und sich gegenseitig in der Lebendigkeit fördernd.

Christian Kölling zeigt in diesem Buch, wie dringlich es ist, vor Ort im Wald zu handeln. Seine aus der Wissenschaft abgeleiteten Vorschläge, welche Baumarten bei uns klimaangepasst sind und wie sie praktisch und auch mit kleinem Geldbeutel in unsere Waldumwelt eingebracht werden können, sind zeitgemäße und indigeniale Lösungen. Das ist Nachhaltigkeit, das ist Waldkultur 2.0.

Möge dieses Buch großen Erfolg haben, und mögen sich viele für den Wald Verantwortliche davon inspirieren lassen!

Dr. Joachim Hamberger Teisendorf, 17.3.2024
Leiter des Bayerischen Amtes für Waldgenetik
und Vorsitzender des Vereins für Nachhaltigkeit e. V.

1 Wir reisen in die Zukunft von Wald und Klima

Wie wird es wohl den Wäldern im Klimawandel ergehen? Diese Frage beschäftigt seit einigen Jahren nicht nur die Fachleute, die Wissenschaftler und Forstleute, sondern zunehmend auch eine breite Öffentlichkeit. Wenn ich im Alltagsgespräch zu erkennen gebe, dass ich Förster bin, ist das Gespräch ganz schnell beim Klimawandel und bei den Schäden, die er im Wald verursacht. Eine Reihe von sehr warmen Jahren und ausgedehnten Dürrezeiten im Sommer hat die Aufmerksamkeit vermehrt auf den Wald gelenkt. Werden die Wälder dem Klimawandel im weiteren Verlauf standhalten, zumal doch schon jetzt die Schäden kaum noch zu übersehen sind? Wer in einem der letzte Hitze- und Dürresommer im Wald unterwegs war, der konnte miterleben, welche Belastung hohe Temperaturen und fehlende Niederschläge nicht nur für Menschen und Tiere, sondern auch für Pflanzen und besonders für Waldbäume darstellen. In einer neu heraufgekommenen Heißzeit ändert auch der Wald nach und nach und für viele wahrnehmbar seine Gestalt. Wenn wir in einer Hitzeperiode den Wald betreten, bieten sich unseren Sinnen ganz neue Eindrücke. Auf dem knochentrockenen Waldhumus knirscht das Moos, statt wie gewohnt unter den Füßen zu federn. Die Luft ist warm und stickig und hat nur wenig Ähnlichkeit mit der frischen und gesunden Waldluft, die wir gewohnt sind. Die Sonne scheint brutal durch die Lücken, der viel beschworene Waldschatten ist löchrig geworden. Das hat so gar nichts mehr mit dem romantischen frischen Wald aus unserer Erinnerung und Vorstellung zu tun. Die grünen Kräuter sind vertrocknet, und das Gras erinnert an Stroh. An einem solchen Hitzetag spürt man die Belastung, der der Wald neuerdings vermehrt ausgesetzt ist. Bisher seltene und nun immer häufigere Wetterlagen beeinflussen nicht nur unsere Wahrnehmung, sondern strapazieren die gesamten Waldökosysteme. Ab einem gewissen Punkt halten Wälder den Anforderungen nicht mehr stand und zeigen Schäden, die häufig bis zum Absterben gehen. Wo einst rauschende Wälder standen, geht jetzt der Blick über steppenartige Kahlflächen, wie sie in Abbildung 1 zu sehen sind. Zu diesem Zeitpunkt erwacht regelmäßig das mediale Interesse, und der Wald steht zeitweilig im Mittelpunkt der Berichterstattung. Nur schwer kann man sich vorstellen, wie aus den riesigen Kahlflächen jemals wieder Wald werden soll. Es ist gar nicht so einfach, bei Bildern wie dem dargestellten den Mut zu behalten, die abgestorbenen Bäume zu ernten und die Flächen wieder aufzuforsten. Manche Waldbesitzenden kapitulieren vor der riesengroßen Aufgabe, auf einer leeren Schadfläche wieder einen vorzeigbaren Wald heranzuziehen. Hinzu kommen die wirtschaftlichen Schäden am alten Holz und die gewaltigen Kosten der Wiederaufforstung mit jungen Bäumen. Unter diesen Bedingungen wird Waldbesitz zur Belastung, und die Motivation zur Arbeit im und am Wald schwindet dahin.

Die größte Belastung unter allen ist aber die Erwartung noch schlimmerer Ereignisse in der Zukunft. Wenn wir die Entwicklungen aus der jüngsten Vergangenheit über die Gegenwart in die Zukunft fortschreiben, dann befürchten wir zu Recht, dass wir erst am Anfang der Entwicklung stehen und uns das Schlimmste noch bevorsteht.

Abbildung 1: Riesige Kahlflächen nach Waldschäden im Frankenwald im Jahr 2023

Wie es in Krisen so üblich ist, wachsen auch in der Waldkrise mit dem Bewusstsein für das Problem die Diskussionen darüber an, wie es zu lösen sei. Mittlerweile hat ein vielstimmiges Konzert der Meinungen eingesetzt, doch ist noch längst nicht ausgemacht, welche Wege aus der Krise den meisten Erfolg versprechen. Nach einer anfänglichen eher chaotischen Phase der Diskussion lassen sich nun nach mehreren Jahren Waldkrise zwei Strömungen ausmachen, die sich diametral gegenüberstehen und mit zwei unterschiedlichen Lösungsmodellen für das Problem der Anpassung der Wälder an den Klimawandel aufwarten. Die vorgeschlagenen Wege aus der Krise könnten gegensätzlicher nicht sein.

Die eine Fraktion in der Diskussion besteht aus den Traditionalisten, die die vielfach erprobten Methoden einer Forstwirtschaft empfehlen, die sich in der Vergangenheit bewährt hat. Bei den Befürwortern der Tradition macht man auch in der Krise das, was man immer schon gemacht hat und bestens kennt. Man ändert unter dem wachsenden Problemdruck nicht die Methoden selbst, sondern verfeinert und perfektioniert sie weiter. Dann wendet man sie noch sorgfältiger und vielleicht auch mit mehr Mitteleinsatz an, als man das bisher getan hat. Die Hoffnung lautet: »Was früher funktioniert hat, wird auch in der Zukunft funktionieren, wenn man nur genügend Geld, Personal und Mühe investiert.« Diese bewahrende Haltung ist nicht auf die Forstwirtschaft beschränkt, es gibt sie in allen Lebensbereichen. Wenn ein neues Problem auftritt, versucht man es zunächst dadurch zu lösen, dass man die bekannten Verfahren vervollkommnet und zusätzlich die Intensität der Anwendung erhöht. In der Ökonomie nennt man diese Haltung »business as usual«, Geschäft wie üblich, abgekürzt BAU. Man macht in der Krise das Gleiche wie vorher, nur besser und mit mehr Einsatz.

Die andere Fraktion wird von Verfechtern einer sanften und naturschonenden Reaktion auf die Krise gebildet. Man meint, dass die Natur selbst die besten Anpassungswege kennt, und sieht die Ursache der Krise in einer naturfernen, rein ökonomisch orientierten und insgesamt verfehlten Behandlung der Wälder. Nur weil in der Vergangenheit eine im industriellen Maßstab forcierte Forstwirtschaft Baumplantagen, Holzäcker und Monokulturen hinterlassen hat, gibt es jetzt im Klimawandel das Problem der Waldschäden. Die Vertreter dieser Strömung hoffen auf die dynamische Selbstheilung der Schäden durch die Kräfte der Natur. Von selbst, ohne Eingriffe, würde stets, also auch in der durch den Klimawandel verursachten Waldkrise, ein besserer Wald entstehen, als es durch die naturwidrigen Eingriffe der Forstleute möglich ist. Die Haltung in dieser Strömung gipfelt in dem Appell: »Nehmt den Förstern den Wald weg.« Die Eingriffe der Forstwirtschaft hätten dem Wald die Krise beschert, demnach finde er am besten ohne Bewirtschaftung aus der Krise heraus. Es wäre ja töricht, denjenigen die Lösung anzuvertrauen, die das Problem verursacht hätten.

Nun ist guter Rat teuer, denn man fragt sich, außerhalb stehend, zu Recht, welcher der beiden Fraktionen man sich anschließen soll. Beide Lösungsansätze sind so verschieden, dass sie sich kaum vereinbaren oder kombinieren lassen. Es können nicht beide Wege gleichzeitig oder nebeneinander beschritten werden. »Viel tun«, sagen die einen, und »Nichts tun«, die anderen. Es ist jedem klar, dass das nicht zusammengeht. Ich möchte Sie daher einladen, jenseits der beiden dogmatischen und unvereinbar wirkenden Vorfestlegungen eigene Überlegungen anzustellen und einen neuen dritten Weg einzuschlagen, der sich flexibel zwischen den beiden Lagern hindurchschlängelt und sich weder auf die eine noch auf die andere Seite schlägt. Der richtige Weg für unsere Wälder wird wohl kaum durch eines der beiden gegensätzlichen und oft die Dinge grob vereinfachenden Dogmen zutreffend vorgegeben. Kommt man mit Meinungen allein aus der Krise, oder braucht man nicht noch Tatsachen? Im schlimmsten Fall erweisen sich beide Ansichten als falsch, und man geht in jedem Fall in die Irre, welcher Fraktion man sich auch anschließt. Dieses Buch dient dem Zweck, einen eigenen Blick für die Fakten zu gewinnen. Wenn die Meinungen ins Kraut schießen und immer abenteuerlicher werden, dann ist es an der Zeit, die Dinge neu zu betrachten und nach den Belegen aus der Wissenschaft zu fragen, die das Handeln in der Krise sicherer und erfolgreicher machen können. Haben Sie den Mut, sich Ihr eigenes Bild von der Krise zu machen, gehen Sie den Ursachen auf den Grund, und bewerten Sie selbst die möglichen Lösungswege. Auf keinen Fall soll in diesem Buch den vorhandenen beiden eine dritte Meinung hinzugefügt werden. Im Gegenteil wollen wir großen Wert darauf legen, von der wissenschaftlichen Erkenntnis zu einer soliden Handlungsbasis zu kommen.

Mancher Leser mag bereits beim Untertitel dieses Buchs die Stirn in Falten legen. Kann man sich überhaupt erfolgreich Gedanken über eine ferne Zukunft machen? Ist es nicht ein Zeichen von Übermut und Überheblichkeit, hundert Jahre voraus in die Zukunft zu blicken? Sollte man sich nicht eher dem Geschäft des Tages, der nächsten Wochen und Monate widmen und die weitere Zukunft den Fantasten und Romanautoren überlassen? Wissen wir nicht viel zu wenig, um uns um das Übermorgen zu sorgen? Wer so denkt, verkennt die besonderen Zeitdimensionen im Umgang mit Wäldern. Ein Baumleben ist mindestens so lang wie ein Menschenleben, kann aber auch ein Vielfaches davon betragen. Der Baum, der sich heute aus dem Samen herauszwängt und irgendwo in den Wäldern seine Karriere beginnt, hat nicht selten hundert und mehr Jahre vor sich. Wer sich, aus welchen Motiven auch immer, mit Bäumen und Wäldern befasst, muss zwangsläufig sehr weit in die Zukunft blicken. Kaum ein anderer Bestandteil der belebten Welt ragt so weit in die Zeit voraus wie ein Wald. Handlungen oder Unterlassungen in der Gegenwart können im Wald noch in der fernsten Zukunft Folgen haben. Die Forstleute machen es sich leicht und zerteilen für ihre Pläne den langen Zeitraum in handliche Abschnitte, die höchstens die jeweils folgenden zehn oder zwanzig Jahre umfassen. Sie sind sich aber stets bewusst, dass vieles, was im Wald geschieht, sich in einem Zeithorizont von wenigstens hundert Jahren auswirken kann. Der lange Zeitraum ist also durchaus nicht zu groß gewählt, wenn es um den besonderen Fall der Waldzukunft geht.

Wie kein anderes Lebewesen auf der Erde ist der Mensch dazu befähigt, Überlegungen über die Zukunft anzustellen. Hinzu kommen bei uns Menschen der besondere Gestaltungswille und die ausgeprägte Gestaltungskompetenz, die sich naturgemäß nicht nur auf die Gegenwart, sondern auch auf die nähere, mittlere und auch ferne Zukunft erstreckt. Wir wollen die Zukunft nicht nur beobachten und kennen, sondern vielmehr aktiv in unserem Sinne beeinflussen. Der Mensch steht der Zukunft nicht nur passiv gegenüber, sondern er formt und gestaltet diese auch. Es ist auch aus diesem Grund keine Überheblichkeit, sondern viel mehr Notwendigkeit, sich mit der Waldzukunft in dem groß erscheinenden Zeitmaßstab von hundert Jahren zu beschäftigen. Der Begriff der Nachhaltigkeit beinhaltet diesen weiten Zukunftshorizont. Wenn wir so handeln, dass das Ergebnis unseres Handelns einschließlich aller unbeabsichtigten Nebenwirkungen auch in der fernen Zukunft Bestand hat, dann handeln wir nachhaltig. Den Zukunftsaspekt zu berücksichtigen ist vielleicht das wichtigste Kriterium nachhaltigen Handelns: keine Nachhaltigkeit ohne Zukunftsbezug. Dem Handeln im Wald liegt ein Generationenvertrag zugrunde. Die späteren Generationen werden von der Arbeit der gegenwärtigen Akteure profitieren oder darunter leiden.

Betrachten wir neben der Waldzukunft die vom Klimawandel geprägte Klimazukunft, so begegnen uns sehr ähnliche Zeitdimensionen. Die meisten Szenarien zur Entwicklung der Konzentrationen klimaschädlicher Spurengase in der Atmosphäre und fast alle Modelle zur daraus resultierenden Klimaentwicklung erstrecken sich über die gesamte Zeit des 21. Jahrhunderts bis mindestens zum Jahr 2100. Es ist alltägliche Praxis geworden, sich über diese hundert Jahre Gedanken zu machen. Wir wissen mittlerweile, dass diese Zukunft stark davon abhängt, wie sehr wir unsere Atmosphäre in der Vergangenheit verschmutzt haben und wie wir damit fortfahren. In unserer Gegenwart erleben wir schon den ersten Teil einer zuvor gestalteten und festgelegten Zukunft. Im letzten und vorletzten Jahrhundert angestoßene Prozesse sind verantwortlich für unsere gegenwärtige Situation. Auch die ferne Klimazukunft der kommenden hundert Jahre wird in der Gegenwart laufend mitgestaltet, allerdings nicht wie die Waldzukunft auf einer lokalen Skala, sondern in einem globalen Maßstab. So sind wir alle zusammen, jeder in unterschiedlichem Maße, durch lokal falsches Handeln zu mehr oder weniger unfreiwilligen Bildnern der globalen Klimazukunft geworden. Sehr spannend ist die Frage, ob es uns gelingt, in der restlichen uns verbleibenden hundertjährigen Klimazukunft den Klimawandel abzumildern. Dann erst würden wir die Klimazukunft bewusst und erfolgreich gestalten und die Forderung nach Nachhaltigkeit unseres globalen Handelns erfüllen.

Dieses Buch soll dazu anregen, sich mit den großen Zeiträumen auseinanderzusetzen, in denen sich junge Wälder zu älteren entwickeln. In dieser Zeit werden sie ein Baumleben lang einem Klimawandel ausgesetzt sein, der genau im gleichen Zeitraum abläuft und vorerst, so sieht es aus, nicht zum Stillstand kommen wird. Das Buch soll Sie als Leser begleiten auf einer nicht nur interessanten, sondern auch für das Verständnis des Problems und zur Darstellung von Lösungsmöglichkeiten notwendigen Zeitreise, die zunächst bis zum Ende des Jahrhunderts führt. Wir werden die Reise besonders anschaulich gestalten und uns immer wieder bewusst machen, welche unnötigen Irrtümer und Fehlschläge möglich sind, wenn man sich nicht sorgfältig genug mit Klima- und Waldzukunft befasst. Auch bei höchster Sorgfalt bleibt dennoch immer ein unvermeidlicher Rest von Unsicherheit, wenn wir Zukunftsfragen behandeln. Alle Schwierigkeiten sollten uns aber nicht davon abhalten, die Waldzukunft zu verstehen. Im Rahmen unserer jeweiligen Verantwortlichkeiten sind wir danach mehr befähigt, sie so zu gestalten, dass wir von den tatsächlichen Geschehnissen nicht allzu sehr überrascht sind. Wie treffend die Zukunft vorhergesagt wird, hängt zu wesentlichen Teilen auch davon ab, ob und wie wir sie gestalten.

Ich lade Sie ein, mit mir diese hundertjährige Zeitreise in Gedanken zu unternehmen. Von den hundert betrachteten Jahren liegen beim Verfassen dieses Buchs bereits über zwanzig Jahre hinter uns. Diese jüngst vergangenen Jahre zeigen, dass viele zu Beginn der Entwicklung von hellsichtigen Mahnern erwarteten Entwicklungen zunehmend Realität werden. Die Waldzukunft hat also bereits begonnen. Sie werden auf dieser Zeitreise einiges über den Wald in einer ungewohnten und sehr schwierigen Bewährungsphase erfahren, von den Möglichkeiten der Einflussnahme lesen und über die überraschenden Handlungspfade nachdenken, die eine Kenntnis der Zukunft für die Lösung der Probleme bietet. So unvollkommen und nebelhaft der Zukunftsblick auch sein mag, es gibt dazu keine Alternative. Schwierigkeiten und Unzulänglichkeiten der Zukunftsbetrachtung sollten uns nicht davon abhalten, auf die Zeitreise zu gehen. Dieses Buch macht keine Wissenschaft, es setzt aber Wissenschaft voraus. Jeder soll es, ausgestattet mit einer guten Portion von gesundem Menschenverstand, lesen und verstehen können. Die Aussagen der folgenden Kapitel basieren auf wissenschaftlichen Arbeiten. Sie gehorchen damit dem unbestechlichen Kriterium der Evidenz, das ist die Begründung durch Studien und datengestützte Beobachtungen. Sie sind, anders als bloße Meinungsäußerungen oder Expertenurteile, immer wieder an der Realität und an den Daten zu überprüfen. Der Zweifel ist die Mutter der Erkenntnis. Deshalb sind am Schluss des Buchs einige skeptische Fragen zusammengestellt, die dem Zweifel Ausdruck verleihen und in denen Sie sich vielleicht wiederfinden können. Sie finden dort auch Antwortversuche, die Ihnen vielleicht weiterhelfen. Am Ende des Buchs sind auch einige Hinweise für eine vertiefende Lektüre aufgeführt. Diese Artikel können Sie tiefer hineinführen in die weite Welt der zugrunde liegenden Studien und Zitate. In den zitierten Arbeiten finden Sie wieder Zitate, die ihrerseits auf Zitate verweisen und so weiter. In der Welt der Wissenschaft geht es transparent und nachvollziehbar zu, wenn man sich die Mühe macht, den Dingen auf den Grund zu gehen.

Das Wichtigste in Kürze

Wir beschäftigen uns in diesem Buch mit der Zukunft des Waldes und des Klimas über einen langen Zeitraum bis in das Jahr 2100. Wir tun das, weil sich in diesem langen Zeitraum die bestehenden Wälder mit einem fortschreitenden Klimawandel auseinandersetzen müssen.

2 Umsonst und draußen: Wälder sind dem Klima ausgeliefert

Intuitiv empfinden wir bereits die Verletzlichkeit von Wäldern, wenn wir uns an einem heißen Sommertag nach einer vorangegangenen Hitze- und Dürreperiode in den Wald aufmachen. Ein rauschender Fichtenwald passt dann so gar nicht zu einer Witterung, wie wir sie sonst aus dem Mittelmeerraum kennen. Der kühle Waldschatten eines hohen Buchenwalds verliert an Kraft, wenn sich draußen die Temperaturen der 40-Grad-Marke nähern. Dort, wo wir und die Bäume früher einen mitteleuropäischen Sommer gewohnt waren, herrscht jetzt eine Hitze wie viele hundert Kilometer weiter südlich. Anders als wir Menschen kann ein Wald nicht unter einem Sonnenschirm Erleichterung suchen und sich dazu ein Kaltgetränk kommen lassen. Was wir im Wald als Schatten erleben, wird hoch oben in den Baumkronen mit einem unglaublichen Hitzestress erkauft. An einem heißen Tag profitieren wir vom Schatten des Waldes, der Wald selbst steht aber oben unter voller Besonnung. Die Intuition entspricht der Wirklichkeit: Wälder leiden unter Hitze und Wassermangel, umso mehr, wenn sie unangepasst und unvorbereitet in diese schwierige Situation geraten sind.

Man muss sich bewusst machen, dass Wälder äußerst sparsam leben und mit Licht, Luft, Wasser und ein paar mineralischen Nährstoffen zufrieden sind. Anders als auf landwirtschaftlich genutzten Flächen muss man selbst in bewirtschafteten Wäldern fast nichts an Stoffen oder Energie zugeben, um ungestörtes Wachstum zu ermöglichen. So weit, so gut. Allerdings zeigt sich bei näherem Hinsehen, dass gerade die Versorgung mit Wasser eine entscheidende Rolle spielt. Bäume sind im Kern sehr große und wirksame Verdunstungsmaschinen. Mit den Wurzeln nehmen die Bäume Wasser aus dem Boden auf, es wird in durchgehenden Fäden durch Stamm und Äste bis zu den Blättern oder Nadeln transportiert und an deren Oberfläche zu Dampf verdunstet. Solange der Baum lebt, ist das Wasser in seinen Leitungsbahnen ein wichtiges Lebenselixier. Nicht nur die mineralischen

Nährstoffe werden mit dem Wasser transportiert, auch das Pflanzengewebe selbst besteht zu einem großen Teil aus Wasser. Das in den Blättern verdunstende Wasser ist darüber hinaus auch ein wichtiges Kühlmittel, dass die Überhitzung der Gewebeoberflächen wirksam verhindert. Indem er Wasser verdunstet, führt der Baum überschüssige Wärme ab und regelt so die Oberflächentemperatur seiner Blätter, die ja häufig ganz oben in der Baumkrone direkt den Sonnenstrahlen ausgesetzt sind.

Wasser wird von den Bäumen aus dem Boden entnommen. Im Laufe der Zeit würde der Boden unwillkürlich austrocknen, denn die Baumwurzeln saugen fortwährend Wasser aus dem Boden. Zum Glück werden die Entnahmen immer wieder über Niederschläge, meistens Regen oder Schnee, die den Boden erreichen, ausgeglichen. Der Füllstand im Bodenspeicher schwankt daher. Mal überwiegt das Entleeren, und mal steht das Auffüllen im Vordergrund. Die Niederschlagssumme, die Menge an Regen oder Schnee, ist deshalb eine sehr wichtige, das Baumleben stark beeinflussende klimatische Größe. Eine zweite bestimmende Größe für die Wasserversorgung ist die Temperatur, die wesentlich mitbestimmt, welche Menge an Wasser der Baum durch Verdunstung verbraucht. So entscheidet das Klima in Gestalt von Niederschlagssumme und Temperatur wesentlich darüber, wie viel Wasser den Bäumen zur Verfügung steht. Reduziert man die Niederschlagssumme und dreht den Bäumen den Wasserhahn zu, wird das ebenso gravierende Folgen haben, wie wenn man den Bäumen einheizt und damit Temperatur und Wasserverbrauch erhöht. Die gleichen Effekte können wir im Hausgarten oder Balkonkasten beobachten. An heißen Tagen muss der Gärtner mehr Wasser zugießen, wenn nicht wiederkehrende Gewittergüsse den Mangel kompensieren. Besonders prekär wird die Situation im Balkonkasten, wo der Bodenspeicher durch das Fassungsvermögen an Erde stark begrenzt ist. In diesem Fall fallen die Größe und die Wirksamkeit des Zwischenspeichers Boden bei dem geringen Bodenvolumen sehr gering aus. Man muss den geringen Speicher eines Balkonkastens sehr häufig nachfüllen und durch regelmäßiges Gießen den Mangel ausgleichen. Gering dimensionierte Bodenspeicher finden wir auch draußen in den Wäldern, wenn ein z. B. durch Felsen und Steine eingeschränktes Bodenvolumen den Wasserspeicher verkleinert und die Bäume von der Hand in den Mund leben müssen. Ein tiefgründiger und steinarmer Boden kann dagegen viel Wasser speichern. Mit dem Wasser aus einem ausreichend großen und gut befüllten Speicher kann der Baum regenarme und heiße Perioden mit hohem Wasserverbrauch gut überbrücken. Wehe, man vergisst als Gärtner einmal das Gießen. Dann kann die Situation schnell unbeherrschbar werden. Das gilt umso mehr, je weniger Bodenreserven den Pflanzen zur Verfügung stehen. Genauso ergeht es einem Wald, der nicht die erwartete Menge Wasser bekommt oder dessen Wasserverbrauch durch hohe Temperaturen in unerwartete Höhen schnellt und bei dem nicht ein ausreichender Wasservorrat im Boden die Notzeit überbrückt.

Schon das Beispiel der Wasserversorgung zeigt, wie stark bereits die einfachen und leicht zu messenden klimatischen Größen Niederschlagssumme und Temperatur das Wachstum der Bäume beeinflussen. Wenn es jeden zweiten Tag regnet wie in manchen Gebirgsgegenden oder wenn es bei wenig Niederschlag kalt genug ist, dann ist die Versorgung bedarfsgerecht und das Wasser reicht. Ist es aber heiß, der Regen bleibt längere Zeit aus, und es gibt keine Wasservorräte mehr im Boden, dann wird es knapp. Es ist sehr erstaunlich, wie stark die Zusammensetzung, die Struktur und die Wuchskraft von Wäldern vom Klima abhängen. Aus diesem Grund ändert sich in allen Weltgegenden der Wald, wenn sich das Klima auch nur ein wenig verändert.

Neben den Niederschlägen und der Temperatur vor allem in den Sommermonaten gibt es noch einen weiteren wichtigen klimatischen Faktor. Das sind die Temperaturen im Winter. Der Gärtner kann seine Pflanzen vor kalten Temperaturen schützen, im Wald wird das schwierig. Nicht alle Pflanzen sind von ihrer Bauart her den Umgang mit tiefen Temperaturen gewohnt und auf Frost eingerichtet. Ab einer gewissen, von Art zu Art verschiedenen Temperaturschwelle droht ihnen daher der Tod durch Erfrieren. Neben der Gefahr, im Sommer zu verdursten, gibt es im Winter ein Risiko zu erfrieren. Zwischen diesen zwei Polen spielt sich auch ein Baumleben ab, und man muss sich manchmal wundern, dass draußen so wenig passiert und die meisten Bäume den Zeitraum ihres langen Lebens trotz aller Gefahren so gut herumbringen. In jahrhundertelanger Koexistenz mit dem herrschenden Klima haben sich die Bäume an das Klima an ihrem Wuchsort angepasst und sich darauf eingestellt. Dieser Prozess der evolutiven Anpassung an die klimatische Umgebung ist eines der großen Erfolgsrezepte der Natur. Im Wald sichert diese Ausrichtung auf konstante Normalbedingungen das Überleben.

Am deutlichsten wird der straffe Zusammenhang von Wald und Klima in Gebirgsgegenden, wo sehr unterschiedliche Klimazonen räumlich dicht aneinanderstoßen. Auf einer einfachen Bergtour gelangen wir auf kurzer Strecke und in rascher Zeit aus der Laubbaumzone in die Nadelbaumzone und über baumfreie Rasen bis in die Zone ewigen Eises mit kaum vorhandenem Pflanzenwuchs. Besonders deutlich werden diese naturgesetzlichen Zusammenhänge in vom Menschen unberührten Landschaften, zum Beispiel in Naturreservaten. Anderes Klima ergibt eine andere Vegetation und einen anderen Wald, so lautet das Naturgesetz. Auch im Maßstab der Kontinente sehen wir den Klimawechsel in der Abfolge von Nord nach Süd, und es begegnen uns die aus den Gebirgen bekannten dazu passenden Vegetationsgürtel. In Nordeuropa wachsen andere Wälder als in Mitteleuropa, und diese unterscheiden sich wieder von den Wäldern Südeuropas. Der Grund dafür ist weder in der unterschiedlichen menschlichen Einflussnahme noch in verschiedenen Böden zu suchen, sondern allein im Klima mit seinem charakteristischen Zusammenspiel von Niederschlag und Temperatur im Wechsel von Sommer und Winter.

Anders als das menschliche Leben spielt sich das Leben der Bäume immer draußen ab und ist der herrschenden Witterung unmittelbar ausgesetzt. Darüber hinaus leben Bäume lange und reagieren während ihres Lebens auf die Gesamtheit der über den langen Zeitraum herrschenden Witterungsbedingungen, die wir unter dem Begriff Klima zusammenfassen. Weil Bäume zudem unbeweglich sind, können sie anders als Tiere niemals selbst einem ungünstigen Klima ausweichen und sich etwas Besseres suchen. Die Beziehung von Bäumen und daraus aufgebauten Wäldern zu den sie umgebenden Klimabedingungen ist daher ganz besonders eng. Zwischen den Wäldern und dem herrschenden Klima besteht ein ausgeprägtes Gleichgewicht, eine Wohlfühlbalance. Wird diese gestört, so kommt es vorhersagbar zu Reaktionen der Bäume bis hin zu empfindlichen und umfassenden Störungen, die sich auf die Waldökosysteme als Ganzes auswirken und so lange andauern, bis ein neues Gleichgewicht erreicht ist.

Nur wer einmal begriffen hat, wie groß die Abhängigkeit der Wälder von ihrer klimatischen Umgebung ist, kann sich vorstellen, wie brutal der Klimawandel auf Wälder einwirkt, wenn er nur schnell genug kommt und stark genug ist. Obwohl Wälder genügsam sind und fast ohne Unterstützung gewissermaßen gratis wachsen, sind sie doch darauf angewiesen, dass die klimatischen Bedingungen so sind, wie es den Bedürfnissen der Art entspricht. In den Jahrhunderten zuvor herrschte ein erstaunlich konstantes Klima und erlaubte es den Wäldern, sich in einem austarierten Gleichgewicht daran anzupassen. Die Unveränderlichkeit der klimatischen Umgebung ist nun mit dem Klimawandel einer gerichteten Dynamik gewichen. Man braucht nicht viel Fantasie, um sich die damit für wenig mobile Wälder verbundenen Gefahren vorzustellen.

Jetzt käme eine Zeitmaschine gerade recht, die uns die Reise in die Zukunft ermöglicht. Dann könnten wir sowohl die Klimazukunft als auch die daraus resultierende Waldzukunft mit eigenen Augen betrachten und unsere Schlüsse daraus ziehen. Fürs Erste müssen wir uns jedoch damit zufriedengeben, dass wir uns einen groben Begriff von der Verwundbarkeit der Wälder angesichts von Manipulationen an Temperatur und Niederschlag machen. Wenn man am Klima herumschraubt, berührt man den Lebensnerv der Wälder und braucht sich über gereizte Reaktionen und bisweilen dramatische Folgeentwicklungen nicht zu wundern.

Das Wichtigste in Kürze

Der Klimawandel verändert vor allem den Wasserhaushalt als Lebensnerv unserer Wälder, weil dieser in besonderem Maße von den herrschenden Temperaturen abhängt. Unsere Wälder geraten zunehmend in ein Ungleichgewicht zwischen ihrem gegenwärtigen Aufbau und dem zukünftig herrschenden Klima.

3 Zwillingsregionen: Wir reisen mit System umher in Zeit und Raum

In den Hitzeperioden der gerade vergangenen Folge von Jahrhundertsommern haben wir hier bei uns eine Anschauung und Erfahrung davon bekommen, wie sich Klimawandel anfühlt und was er bewirkt. Um die Jahrtausendwende, vor zwanzig Jahren hatten wir diese Beispiele des Wandels noch nicht, jetzt wissen wir mehr, und wir sind um viele Erfahrungen reicher geworden. Wir wissen nun, dass man Wäldern nicht alles zumuten kann. Wenn wir klug sind, dann ersparen wir uns weitere schlimme Erfahrungen dieser Art und versuchen, vor die Erfahrung zu kommen, um uns und die Wälder besser auf die kommenden Schwierigkeiten vorzubereiten. Wie können wir erreichen, dass wir von den Ereignissen nicht überrollt werden, fassungslos die Schäden registrieren und uns zum Schluss nichts anderes übrig bleibt, als die Scherben zusammenzukehren? Die schon erwähnte Zeitmaschine würde uns sehr helfen. Wir überlegen uns daher, wie wir auch ohne Zeitmaschine in der Welt der Zukunft vorankommen. Zum Glück hat die Klimawandelforschung große Fortschritte gemacht, um bei gegebener Verschmutzung der Atmosphäre die daraus resultierende Erwärmung und Veränderung des Klimas über die Gegenwart hinaus in die Zukunft zu projizieren. Diese neuen Kenntnisse können wir nutzen und mit einem simplen Trick in einen sehr nützlichen Erfahrungsersatz verwandeln.

Die Art des Zukunftsklimas hängt ganz entscheidend davon ab, wie sich die Spurengaskonzentrationen in der Atmosphäre entwickeln. Unter Spurengasen versteht man alle gasförmigen Bestandteile der Atmosphäre mit der Ausnahme von Sauerstoff und Stickstoff. Nachdem es verschiedene Spurengase, allen voran Kohlendioxid, gibt, die den Klimawandel unterschiedlich stark antreiben, verwendet man als einheitliche Größe für die Stärke der Klimawandelursache den durch die Entwicklung aller Spurengaskonzentrationen zusammen verursachten zusätzlichen Strahlungsantrieb der Atmosphäre. Nicht die aufsummierten Spurengaskonzentrationen selbst, sondern ihre aufaddierte Wirkung auf den

Energiehaushalt der Erde wird als Maß für die Stärke des Klimawandels verwendet. Dieser sogenannte Strahlungsantrieb wird in Watt pro Quadratmeter (W/m^2) ausgedrückt und gibt den Zugewinn an Energie an, der durch die Wirkung der Spurengase in der Atmosphäre erzeugt wird. Diese zusätzliche Energie in der Atmosphäre ist dafür verantwortlich, dass sich die Erde erwärmt.

In der Klimawandelforschung werden unterschiedliche, als typisch erachtete Emissionsszenarien für Spurengase als Pfade beschrieben, die über mehr als hundert Jahre reichen. Diese Pfade ergeben sich aus den soziökonomischen Aktivitäten der gesamten Menschheit. Die verschiedenen Konzentrationsverläufe ergeben jeweils unterschiedliche Wirkungen auf den Energiehaushalt der Atmosphäre. Sie werden daher nach der unterschiedlichen Stärke des Strahlungsantriebs benannt. Ein typisches und daher repräsentatives Szenario der Spurengaskonzentration wird als repräsentativer Konzentrationspfad RCP (= Representative Concentration Pathway) bezeichnet. Gebräuchliche Pfade sind RCP 2.6, RCP 4.5, RCP 6.0 und RCP 8.5. Die Ziffernfolgen nach den Buchstaben RCP stehen für die Differenz des Strahlungsantriebs zwischen den Jahren 1850 und 2100. Die Bandbreite des zusätzlichen Strahlungsantriebs reicht in den RCP-Szenarien von zusätzlichen 2,6 bis zu 8,5 W/m^2.

Es leuchtet ein, dass man mit den Grundgrößen der Spurengaskonzentration und des Strahlungsantriebs keine direkte und anschauliche Vorstellung des Klimawandels verbinden kann. Hierzu muss der Strahlungsantrieb zunächst in klimatische Größen wie Temperatur und Niederschlag übersetzt werden. Diese Arbeit leisten globale Zirkulationsmodelle, die, basierend auf dem zusätzlichen Strahlungsantrieb, in vielen Modellläufen ein Abbild möglicher Witterungsverläufe über einen Zeitraum von etwa hundert Jahren erzeugen. In Abbildung 2 sind ein paar Beispiele für die Modellierung der globalen Mitteltemperatur auf der Basis von drei RCP-Szenarien und jeweils vier globalen Zirkulationsmodellen zu sehen. Verwendet man die Ergebnisse derartiger Modelle in Form von sogenannten Ensembles und mittelt die Ergebnisse, so bekommt man auf der globalen Skala für alle Weltgegenden eine ziemlich verlässliche durchschnittliche Kurve der Entwicklung verschiedenster klimatischer Größen,

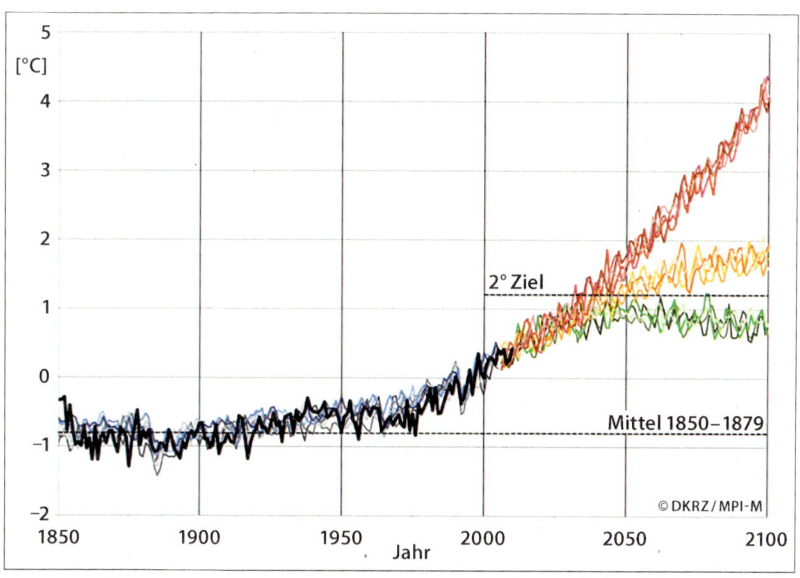

Abbildung 2: Änderung der globalen Mitteltemperatur bis 2100 nach RCP-Szenarien im Vergleich zum Mittel 1986–2005: RCP 8.5 (rot), RCP 4.5 (orange), RCP 2.6 (grün)

eine Klimaprojektion. Solche globalen Klimaprojektionen müssen dann noch in einem zweiten Schritt auf die Regionen heruntergebrochen werden. Klimamodelle auf globaler Ebene liefern Ergebnisse nur in einer sehr groben Auflösung, z. B. 100 × 100 Kilometer, sind also räumlich ungenau. Damit die Klimaprojektionen für Deutschland und seine Regionen besser nutzbar sind, werden die Modelle mithilfe von regionalen Klimamodellen zu einer feineren Auflösung mit einer Rastergröße von bis zu 12,5 Kilometer Kantenlänge heruntergerechnet. Mithilfe von Ensembles, das sind Vereinigungen von mehreren Modellen, aus regionalen Klimamodellen und den daraus abgeleiteten durchschnittlichen Klimagrößen lassen sich für viele kleine Ausschnitte der Erdoberfläche die Klimaentwicklungen in die Zukunft projizieren. Dabei ist streng darauf zu achten, dass alle Projektionen immer nur unter der Bedingung des in dem jeweiligen Konzentrationspfad (RCP) vorausgesetzten Strahlungsantriebs gelten.

Mithilfe von Konzentrationspfaden, globalen und regionalen Klimamodellen sind wir in der Lage, den Klimawandel unter gegebenen Annahmen ziemlich genau in die Zukunft zu projizieren. Die größte Unbekannte in diesem Verfahren ist die Frage, wie sich die Spurengaskonzentrationen in der Atmosphäre entwickeln. Schließlich hängt diese nahezu ausschließlich vom zukünftigen sozioökonomischen Verhalten der Menschheit ab. Menschliches Verhalten gehört naturgemäß zu den am schwierigsten vorhersagbaren Größen. Solange das Verhalten der Menschheit in Bezug auf die weitere Erhöhung der Spurengaskonzentrationen nicht vorherzusagen ist, bleiben alle anderen daraus abgeleiteten Größen unsicher. Der aus der Emissionsentwicklung abgeleitete Strahlungsantrieb erbt diese Unsicherheit. Zusätzliche Sicherheit kann man gewinnen, indem man mehrere Pfade der Spurengasentwicklung und des Strahlungsantriebs zugrunde legt und berechnet, was dann passiert. Auf diese Weise erhält man einen Korridor der zukünftigen Klimaentwicklung und eine Vorstellung davon, welche Bereiche in diesem Korridor welche Wahrscheinlichkeit aufweisen. Man sollte aber parallel zu solchen Annahmen nicht aufhören, das künftige Emissionsverhalten der Menschheit durch politische Maßnahmen zu beeinflussen und damit den Korridor der möglichen Entwicklung selbst einzuengen. Es liegt letztendlich in unserer Hand, welches Emissionsszenario verwirklicht werden wird.

Am Ende aller Modellierungsbemühungen stehen Klimawerte der Zukunft in der Form von Zeitreihen für die ganzen von uns betrachteten hundert Jahre. Diese Klimawerte kann man sich als Tabellen für jeden Ort des Interesses ausgeben lassen. Die Klimagrößen können z. B. in Temperaturdurchschnittswerten oder Niederschlagssummen für verschiedene Jahreszeiten bestehen. Ein Beispiel für eine Zeitreihe von drei Klimagrößen ist in Tabelle 1 enthalten. Diese Zusammenstellung enthält die auf RCP 8.5 basierende mittlere Entwicklung von modellierten klimatischen Größen am Standort Nürnberg. Für die Frage der Wirkung des Klimawandels auf die Wälder sind natürlich diejenigen Klimagrößen von besonderem Interesse, die die sommerliche Dürre und den winterlichen Frost als die beiden Haupthindernisse für ein ungestörtes Baumwachstum besonders gut abbilden. In vielen Untersuchungen zu den Beziehungen zwischen Klima und Bäumen haben sich drei Klimagrößen als besonders aussagekräftig herausgestellt: die Sommertemperatur und die Sommerniederschläge als

Maß für die Dürrebelastung und die Wintertemperatur als Maß für die Kältebelastung. Diese drei Größen sind deshalb auch in Tabelle 1 verwendet. Als Sommer wird dabei auf der Nordhalbkugel die Periode der drei Monate Juni, Juli und August (JJA) verstanden, während der Winter aus den Monaten Dezember, Januar und Februar (DJF) besteht. Indem wir die drei Klimagrößen Sommertemperatur und -niederschlagssumme sowie Wintertemperatur in die Zukunft projizieren, haben wir aus der Vielfalt der Klimagrößen die für die Baumexistenz besonders wichtigen herausgefiltert und ihre Entwicklung in der Zukunft beschrieben. Die Einheiten dieser Projektionen, Grad Celsius und mm, sind aber nach wie vor wenig anschaulich, und sie sagen, isoliert betrachtet, nichts unmittelbar Greifbares über die dadurch ausgelösten Wirkungen auf Bäume aus. Ist eine Veränderung in der Sommertemperatur um 4,1 Grad viel oder wenig? Was bedeutet sie für eine Baumart wie die Kiefer? Muss man sich deshalb Sorgen machen oder nicht?

Tabelle 1: Aus dem Szenario RCP 8.5 modellierte Zeitreihe der drei Klimagrößen Sommertemperatur, Wintertemperatur und Sommerniederschlag am Standort Nürnberg

Zeitraum	Temperatur [°C]		Niederschlag [mm]
Jahr	Sommer (JJA)	Winter (DJF)	Sommer (JJA)
1991–2010	18,4 °C	1,0 °C	179 mm
2031–2050	19,6 °C	2,5 °C	184 mm
2051–2070	20,6 °C	3,4 °C	178 mm
2071–2090	21,9 °C	4,6 °C	173 mm
2091–2110	22,5 °C	6,0 °C	169 mm

An dieser Stelle greift man zu dem einfachen Trick und überträgt die eher abstrakten und wenig anschaulichen Zeitreihen des Klimas, wie sie beispielhaft für Nürnberg in Tabelle 1 zusammengefasst sind, in den geografischen Raum. Aus einem zeitlichen Nacheinander wird so ein räumliches Nebeneinander. Man wählt diesen Umweg, um mit Verstand und System den Klimawandel anschaulicher zu machen. Wir verwandeln so die unmögliche Zeitreise in die Zukunft in eine mögliche Raumreise in den

Süden, hin zu Regionen, die unser Zukunftsklima heute schon haben oder bis vor Kurzem hatten, weil der Klimawandel natürlich auch im Süden wirksam ist.

Das geht so: Wir zerschneiden die klimatische Entwicklung über 120 Jahre, von 1990 bis 2110, in sechs Zeitscheiben von jeweils 20 Jahren Länge. Die erste dieser Perioden beginnt 1990 und endet 2010, die letzte geht von 2090 bis 2110. In jedem dieser sechs Zeiträume suchen wir weltweit diejenigen Regionen, die zum Klima der Periode hier bei uns die größte Ähnlichkeit aufweisen. Wenn wir das sechsmal gemacht haben, bilden wir mit den Ergebnissen die zeitliche Klimaentwicklung durch eine entsprechende Klimafolge im geografischen Raum ab. Nach dieser Logik müssten die sechs zeitlich aufeinanderfolgenden Perioden als sechs Räume abgebildet werden, die, vom Ausgangsort aus betrachtet, tendenziell immer weiter südlich liegen. In den hohen Gebirgen werden bei diesem Verfahren die Perioden als dicht nebeneinandergepackte Räume abgebildet, die Reise ins Warme führt dann talwärts. Mit dem Trick der Umwandlung von Zeit- in Raumreihen können wir den zeitlichen Klimawandel als räumliches Nebeneinander darstellen und bekommen dadurch eine neue Anschaulichkeit. Das Ergebnis dieser Übersetzung der Zeit in den Raum ist auf Abbildung 3 und Abbildung 4 für die beiden beispielhaft ausgewählten Szenarien RCP 4.5 und RCP 8.5 am Ausgangsort Nürnberg dargestellt. Die sechs ausgewiesenen und entsprechend eingefärbten Regionen entsprechen den sechs zwanzigjährigen zwischen den Jahren 1990 und 2110 liegenden Zeiträumen, die auch Tabelle 1 zugrunde liegen. In der Legende ist immer der Zeitraum durch das in der Mitte liegende Jahr abgekürzt, 2050–2070 ergibt die Bezeichnung 2060. Wie Zwillinge sind dabei die Klimate der sechs Perioden am Ausgangsort Nürnberg und die in der ersten Periode 1990–2010 herrschenden Klimate in den sechs verschiedenen Regionen gepaart. Wie es bei Zwillingen üblich ist, herrscht zwischen den zugeordneten Klimaten zwar große Ähnlichkeit, aber durchaus keine Gleichheit. Ein unbestreitbarer Vorteil dieser Methode ist die Anschaulichkeit. Es sind nun nicht mehr abstrakte Klimagrößen, die sich in der Zeit verändern, sondern aneinandergereihte reale und der Erfahrung zugängliche geografische Klimaräume. Man kann sie aufsu-

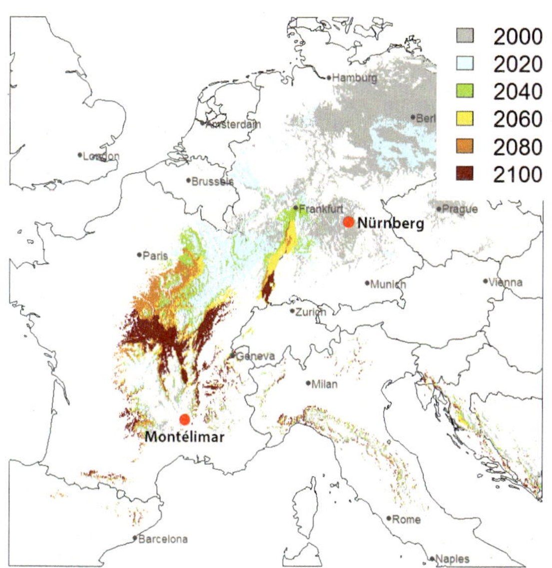

Abbildung 3: Zwillingsregionen im Szenario RCP 4.5 für den Ausgangsort Nürnberg. Die Zwillingsregionen sind nach der Zeitscheibe benannt, für deren Klima sie stehen.

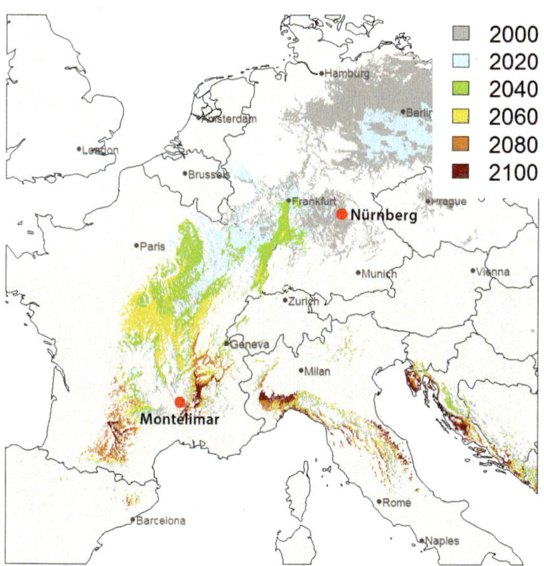

Abbildung 4: Zwillingsregionen im Szenario RCP 8.5 für den Ausgangsort Nürnberg. Die Zwillingsregionen sind nach der Zeitscheibe benannt, für deren Klima sie stehen.

chen und beschreiben. In ihnen nehmen die von der Wirklichkeit abgezogenen Klimagrößen wieder realistische Formen an.

Aus der Übersetzung der Zeitreihe in eine Raumreihe ergeben sich ungeahnte neue Reisemöglichkeiten. Muss eine Zeitreise aus Prinzip als unmöglich verworfen werden, so wird nun mithilfe des Tricks der Zuordnung der Zwillingsregionen zu Zeitscheiben ersatzweise die Option einer Raumreise eröffnet. Um den kommenden Klimawandel vorab zu erfahren, muss man nichts weiter tun, als in die Regionen zu fahren, deren Klima dem am Ausgangsort zu einem bestimmten Zeitpunkt erwarteten am ähnlichsten ist. Dort angekommen, kann man dann die hundert oder weniger Jahre Zukunft vorwegnehmen und schauen, wie sich der Wandel im Waldbild auswirkt und was er alles auch mit den Wäldern bei uns anstellen könnte. Wir nehmen in diesem trickreichen Ansatz den Raum für die Zeit (Space-for-Time) und gewinnen so neue Erkenntnismöglichkeiten über die uns bevorstehende Waldzukunft.

Jeder Ausgangsort hat seine eigenen Zwillingsregionen. Hat der Ausgangsort gegenwärtig bereits ein wärmeres Klima als Nürnberg, dann liegen die Zwillingsregionen dieses Ausgangsorts allesamt noch weiter im Süden als in unserem Beispiel. Ausgangsorte mit kühlerem Ausgangsklima als Nürnberg haben dementsprechend weiter nördlich gelegene Zwillingsregionen. Weil es ein ziemlicher Rechenaufwand ist, für viele Ausgangsorte Zwillingsregionen zu berechnen, hat man sich erst in unseren Tagen damit beschäftigt, das Prinzip anzuwenden. Mit guten Daten, leistungsstarken Rechnern und klugen Programmen ist es jedoch mittlerweile ziemlich einfach, die Abbildung 3 und Abbildung 4 entsprechenden Karten für jeden beliebigen Punkt der Erdoberfläche zu zeichnen.

Das Wichtigste in Kürze

Zwillingsregionen zeigen uns, in welche geografische Richtung sich das Klima von einem Ausgangspunkt her entwickelt. Die Veränderungen in der Zeit werden so im Raum abgebildet. Unser zukünftiges Klima gibt es schon heute im Süden Europas. Fahren wir hin, um es zu erleben!

4 Bilder aus der Klimazukunft: Wir erfahren den Klimawandel in Zwillingsregionen

Sind die Zwillingsregionen einmal bestimmt, kann man dorthin fahren und ein, wie wir annehmen können, ähnliches Klima erleben, wie es später zu uns kommt. Wir besuchen die Quelle unseres Zukunftsklimas und sehen uns in der Umgebung um. Wenn Nürnberg im Jahr 2100 den Klimawandel in einer starken Form hinter sich hat, dann wird sich das so ähnlich anfühlen, wie wenn wir in Montélimar im Südwesten Frankreichs aus dem Zug steigen. Diese Stadt liegt am nördlichen Rand der Provence, zwischen Valence und Orange im Tal der Rhône. Wenige Kilometer östlich der Stadt, in der Landgemeinde Puygiron, bietet sich uns das in Abbildung 5 dargestellte Bild. Uns beruhigt zunächst, dass die Landschaft nicht nur Lavendelfelder, sondern auch Wälder enthält. Jetzt juckt es uns, die Wälder dort zu inspizieren. Wir benötigen dazu eine Karte, die uns angibt, wo genau wir in der gebirgigen Landschaft das für unsere Klimazukunft passende Klima finden können. Wie uns die Karte in Abbildung 6 zeigt, dürfen wir uns nicht zu weit in das schöne Gebirge östlich von Montélimar vorwagen, sondern müssen uns auf die Wälder der Ebene und der Hügel im Bildmittelgrund von Abbildung 5 hinter den Lavendelfeldern beschränken. Weiter östlich in den hohen Bergen wäre es schon, verglichen mit unserer Klimazukunft, viel zu kalt. Bei unserer Exkursion im Zukunftsklima werden wir vieles Bekannte, aber auch vieles Fremde entdecken. Seien wir ehrlich und geben es zu: Das Fremde überwiegt. Schließlich wandern wir durch eine Region, die im Sommer um mehr als 4 Grad wärmer ist als unser Ausgangspunkt Nürnberg. Den aus der heimischen Waldkiefer aufgebauten Nürnberger Steckerlaswald suchen wir dort vergeblich. Aus der Ferne und von außen betrachtet, erscheinen uns die Wälder in Puygiron vertraut, im Inneren und aus der Nähe betrachtet, offenbaren sie die Verschiedenheiten zu den uns vertrauten Wäldern der Heimat. Immerhin erfahren wir in der Ferne, wie ein Wald aussieht, der schon lange mit dem Ergebnis des Nürnberg möglicherweise bevorstehenden Klimawandels vertraut ist. Wir sehen dort einen 4-Grad-Wald! Von einer Reise in die Klimazukunft kommen wir erschöpft und voller neuer Eindrücke zurück. Man sollte danach gleich in weitere Zwillingsregionen aufbrechen, zum Beispiel in die französische Gascogne oder nach Italien in das Piemont, um das Gesehene abzusichern und die Basis der Erfahrungen zu verbreitern. Wir lassen uns dabei von der Karte der Zwillingsregionen leiten und schweifen lieber nicht in die Umgebung ab. Alle Reiseeindrücke notieren wir und benutzen sie später dazu, uns nach der Rückkehr in die Heimat besser auf den Klimawandel vorzubereiten.

Man muss sich bei den Reisen in die Klimazukunft darüber im Klaren sein, dass der Klimawandel auch in den Zwillingsregionen genauso wie bei uns eingesetzt und begonnen hat, die Wälder zu beeinflussen. Wenn wir in die Zwillingsregionen reisen, so interessieren uns dort die klimatischen Verhältnisse des gerade vergangenen Zeitraums 1990 bis 2010. Die Gegenwart und die allerjüngste Vergangenheit sollten wir versuchen auszublenden, denn auch in den Zwillingsregionen entwickelt sich das Klima unter der Beobachtung weiter. Weil der Klimawandel alle Regionen der Welt erfasst, müssen Vergleiche zwischen Zukunftsklima bei uns und Gegenwartsklima anderswo auf einen Stichtag der Vergangenheit bezogen sein. Wir finden unser Nürnberger Zukunftsklima im vergangenen Zeitraum 1990 bis 2010 in Montélimar. Der Wald dort hat den Test auf dieses Klima bereits bestanden.

Der Klimawandel selbst führt dazu, dass sich die Zwillingsregionen so lange nach Norden verlagern, bis sie an ihrem zugehörigen Datum bei uns angekommen sind. Das Klima der Zwillingsregionen wandert nach Norden zu uns hin. Im extremen Fall des Szenarios RCP 8.5 und für das Jahr 2100 sind das fast 1000 Kilometer Strecke. Indem wir bei unserer Raumreise die Gegenrichtung nehmen, können wir der Zeit entgegenreisen und Wissen über die Zukunft gewinnen. Wenn wir die Zwillingsregionen nach dem Stichtag erneut aufsuchen, müssen wir uns bewusst machen, dass diese unterdessen selbst ein neues Klima von weiter südlich erhalten haben. Der Klimawandel führt zu einer lebhaften Klimawanderung von Süd nach Nord. Wir bekommen z. B. ein Klima aus der nördlichen Provence, die Provence selbst bekommt ein Klima aus Spanien. Unser eigenes Klima wandert nach Skandinavien ab, das Klima dort bewegt sich

Abbildung 5: Waldlandschaft bei Puygiron östlich von Montélimar in Südfrankreich, Zwillingsregion für Nürnberg (RCP 8.5, 2100), Blick nach Osten

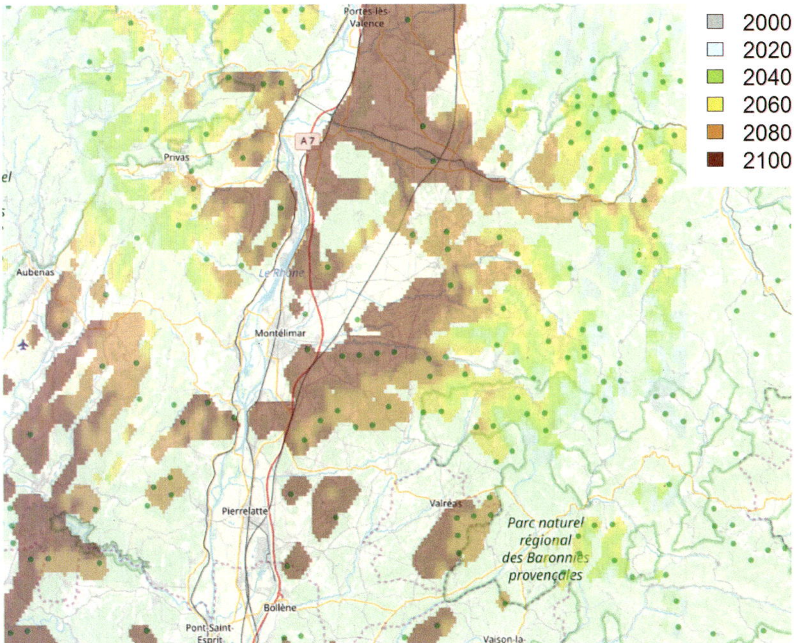

Abbildung 6: Vergrößerter Ausschnitt aus Abbildung 4 in der Gegend um Montélimar: Zwillingsregionen im Szenario RCP 8.5 für den Ausgangsort Nürnberg. Die Zwillingsregionen sind nach der Zeitscheibe benannt, für deren Klima sie stehen. Die grünen Punkte sind Inventurpunkte der Nationalen Waldinventur Frankreichs.

seinerseits zum Polarkreis. Wenn man sich diese ungeheuren geografischen Entfernungen vergegenwärtigt, die großen Verschiedenheiten der Klimate und die Variation der Waldstruktur und -zusammensetzung auf der Strecke, dann wird auch der größte Skeptiker die Wirkmächtigkeit des Klimawandels nicht mehr leugnen. Was genau passieren wird, wissen wir nicht, aber dass es gewaltige Folgen haben wird, können wir als sicher voraussetzen. Kein Wald in Europa wird mehr das gewohnte und von ihm geschätzte Klima behalten. Das Klima bewegt sich, und die Bäume bleiben stehen, wenn wir nicht eingreifen. In vielen Fällen wird den angewurzelten Bäumen das neue Klima nicht bekommen.

Ein häufig geäußerter Einwand besagt, dass man den Wandel ja nicht vorhersehen könne, weil nicht sicher sei, welches der Klimaszenarien, RCP 2.6, 4.5, 6.0 oder 8.5, denn nun wirklich eintreffen wird. Aus diesem Grund sind die Zwillingsregionen in Abbildung 3 und Abbildung 4 für zwei verschiedene Klimaszenarien, für RCP 4.5 und 8.5, getrennt berechnet und dargestellt. Dabei sieht man in beiden Karten, dass sich bis zu der Mitte der längeren Strecke die Zwillingsregionen überlappen. Dort treffen sich die Klimate, die bei dem schwächeren Szenario am Ende des Jahrhunderts erreicht werden, mit den Klimaten des stärkeren Szenarios in der Mitte des Jahrhunderts. Weiter im Süden, in der zweiten Etappe der langen Strecke, liegen die Zwillingsregionen, die ausschließlich vom stärkeren Klimaszenario RCP 8.5 und auch nur nach der Jahrhundertmitte benutzt werden. Auf sehr weiten Strecken ist die Zugbahn unserer zwei Zukunftsklimate RCP 4.5 und 8.5 fast identisch. Das liegt daran, dass auch die zugehörigen Zeitreihen annähernd aufeinanderliegen, wenn man die unterschiedlichen Geschwindigkeiten des Klimawandels herausrechnet. Wenn der Klimawandel des RCP 4.5 ein ganzes Jahrhundert braucht, schafft der Wandel im Szenario RCP 8.5 die gleiche Temperaturerhöhung in der Hälfte der Zeit. Die andere Hälfte des Jahrhunderts wird dann bei dem stärkeren Szenario dazu benutzt, noch weiter in den Süden und damit in die Wärme vorzustoßen.

Stellen wir uns in einem Bild die Klimate der Zwillingsregionen als Züge vor, die sich auf den Weg zu uns machen und zu unterschiedlichen Zeitpunkten bei uns eintreffen, aber meistens die gleichen Strecken befahren.

Die zu einem bestimmten Zeitpunkt bei uns eintreffenden Züge sind entweder weit entfernt gestartet und schnell unterwegs, oder sie sind näher entfernt losgefahren, und ihr Tempo ist daher langsamer. Diese Erkenntnis ähnlicher Zugbahnen des Klimawandels verschiedener Szenarien gibt uns inmitten der schlimmsten Ungewissheit unerwartet eine neue Sicherheit. Wie stark der Klimawandel auch sein mag, es ist auf jeden Fall sinnvoll, sich mit den Zwillingsregionen auf der vorgezeichneten Route des Wandels zu beschäftigen. Zumindest das Klima der Regionen am Anfang der Strecke kommt, unabhängig vom gewählten Szenario, so oder so zu uns. In der Sprache der Wissenschaft nennt man das eine robuste Aussage, weil sie kaum von der Wahl des Szenarios abhängig ist. Mit der Entscheidung, sich die Verhältnisse dort anzuschauen, wo sich die Routen überlappen, und Schlussfolgerungen daraus zu ziehen, macht man in keinem Fall einen Fehler. Unabhängig von der Wahl des Klimawandelszenarios ist eine Beschäftigung mit dem Klima in der Oberrheinebene, in Burgund oder im mittleren Rhonetal immer lohnend. Damit haben wir eine Sicherheit inmitten der vielen Unsicherheiten des Klimawandels entdeckt, die uns das richtige Handeln erleichtert.

Beim Betrachten der beiden Karten fällt einem schnell auf, dass die Zwillingsregionen vorwiegend auf einem vom Ausgangsort Nürnberg nach Südwesten gerichteten breiten Band liegen. Viele Regionen weiter westlich und weiter östlich sind ausgespart. Westlich des besagten Bands sind die Wintertemperaturen wegen des nahen Ozeans im Vergleich zu den Sommertemperaturen sehr mild, viel milder, als sie in Nürnberg auch nach dem Klimawandel jemals erwartet werden. Östlich des Bands ist es umgekehrt. Dort sind die Winter im Vergleich zum Sommer sehr kalt, viel kälter, als es die Projektionen für Nürnberg ausweisen. Zwillingsregionen liegen nicht irgendwo im Süden, sondern nur dort, wo sich sowohl die Sommertemperaturen als auch die Wintertemperaturen und gleichermaßen die Sommerniederschläge ähneln. Das sind im Grunde genommen eher strenge Auswahlkriterien, die verhindern sollen, dass uns unähnliche Klimate auf die falsche Fährte locken und uns zu nicht korrekten Schlussfolgerungen verleiten. Das neue Klima kommt nicht von irgendwo aus dem Süden, sondern aus gut definierten Regionen.

Wenn sich der Betrachter für einige Zwillingsregionen näher interessiert, sollte er sich bereits vor Reiseantritt mit Informationen aus der Region versorgen. In den Zeiten des freien Informationsaustauschs über das Internet ist das nicht weiter schwierig. Man kann sich die Daten einer fernen Wetterstation anschauen und prüfen, wie groß die Ähnlichkeit des Klimas im Detail ist und wo die Unterschiede liegen. Man kann sich Daten zu den vorherrschenden Böden besorgen, kann sich Fotos der dortigen Wälder herunterladen und beschreibende Daten zur Zusammensetzung der dortigen Wälder besorgen. Jede Nation veranstaltet auf ihren Waldflächen in gewissen Zeiträumen eine stichprobenbasierte Waldinventur. Bei diesen nationalen Waldinventuren (National Forest Inventories, NFI) erheben die örtlichen Aufnahmetrupps an einzelnen in der Region systematisch und repräsentativ verteilten Stichprobenpunkten viele Daten zum dort stehenden Wald. Einige dieser Punkte kann man in Abbildung 6 als grüne Tupfen auf der Karte erkennen. Für unsere Fragestellung ist es besonders interessant, welche Baumarten den Wald in den Zwillingsregionen aufbauen. Zum Glück sind die Daten der nationalen Waldinventuren in Datenbanken zusammengefasst und werden zunehmend im Internet zugänglich gemacht. So kann man sich aus der Ferne ein verlässliches und statistisch belastbares Bild von der durchschnittlichen Zusammensetzung des Waldes in den Zwillingsregionen machen. Schon vor einer Reise dorthin und ohne jemals einen Fuß in die fernen Regionen gesetzt zu haben, lassen sich daher die wichtigsten Informationen zum dortigen Wald aus bereits vorhandenen Datenquellen abgreifen und auswerten. Schauen wir uns diesen Datenschatz näher an, und entdecken wir, was er für Erkenntnisse offenbart.

Das Wichtigste in Kürze

In Zwillingsregionen können wir nicht nur unser zukünftiges Klima erfahren, sondern auch die zugehörigen Wälder betrachten. Über die dortigen Waldinventuren können wir uns sogar aus der Ferne ein Bild über die in einer wärmeren Umwelt herrschenden Waldverhältnisse machen.

5 Zukunftswald zum Anfassen: Wir zählen Baumarten in den Zwillingsregionen

Es ist sicher eine interessante Sache, eine Zwillingsregion mit allen Sinnen zu erfahren. Dennoch kann man nicht überall gewesen sein. Wenn man eine Erkenntnis aus den Reisen ziehen will, braucht man ein System für die Beobachtungen. Mit wenigen subjektiven Eindrücken und einer Fotosammlung allein kann man schlecht die Daheimgebliebenen überzeugen. Messen und Zählen sind die bessere Alternative zum Reisebericht, so interessant er auch sein mag. Die Statistik hilft uns in vielen Lebensbereichen, über Einzeleindrücke hinauszukommen und sich mit belastbaren Zahlen der Wahrheit oder Allgemeingültigkeit ein Stück weit zu nähern. Die nach allen Regeln der Kunst statistisch durchgeführte Meinungsumfrage gibt allemal verlässlichere Informationen als ein paar Interviews von Freunden und Bekannten. Die Daten der Waldinventuren in den Zwillingsregionen sind mit solchen professionellen Meinungsumfragen zu vergleichen. Nur werden keine Bürger befragt, sondern Baumartenvorkommen werden gezählt. Wenn eine Baumart am Platz ist, gibt es eine Eins, und wenn sie fehlt, eine Null. Die Waldverhältnisse in Zahlen zu fassen ist der einzige Weg zu der objektiven Erkenntnis, die wir brauchen, wenn wir mit Erfolg handeln wollen.

Wir setzten im letzten Kapitel voraus, dass die Zwillingsregionen die klimatischen Verhältnisse unserer Zukunft in den nächsten hundert Jahren so zutreffend abbilden, wie das weltweit nur irgend möglich ist. Aus der unendlichen Vielfalt der global verbreiteten Klimate haben wir gezielt diejenigen herausgepickt, die der Klimazukunft hier an unserem frei gewählten Ausgangspunkt Nürnberg am ähnlichsten sind. Wenn wir dann in den so bestimmten Zwillingsregionen Baumarten antreffen, die sich in den dortigen Wäldern seit langer Zeit erfolgreich gehalten haben, dann können wir davon ausgehen, dass diese in der Ferne bewährten Baumarten auch im Raum Nürnberg unter zukünftig sehr ähnlichen Klimabedingungen gute Überlebenschancen haben werden. Auch der umgekehrte Schluss ist möglich. Fehlen bestimmte Baumarten in den Zwillingsregionen, dann muss man berechtigte Zweifel äußern, ob sie auch bei uns den Bedingungen des Zukunftsklimas jemals standhalten werden. Jedenfalls gibt es beim Fehlen von Baumarten in den Zwillingsregionen keinen bestandenen Test über das Gedeihen im fraglichen sehr realen Klima des Südens. Das Fehlen von Baumarten im Klima der Zwillingsregionen ist zwar kein zwingender Beweis für eine absolute Unmöglichkeit ihrer Existenz unter dem dort herrschenden Klima. Gibt es aber weltweit gar keine Belege für das Vorkommen von Baumarten unter den betreffenden Klimakonstellationen, bekommen wir große Zweifel, ob diese Baumarten auch bei uns in diesem Klima eine erfolgreiche Zukunft haben, wachsen und gedeihen werden. Zwillingsregionen sind so etwas wie Prüfstände oder Testlandschaften, in denen Baumarten, zumindest wenn die Exemplare älter sind, über einen längeren Zeitraum dem Zukunftsklima ausgesetzt waren. Sie wurden dort unter sehr realen Bedingungen auf Klimaverträglichkeit getestet. Falls sie das Klima im Süden überstanden haben, dann ist die Wahrscheinlichkeit groß, dass sie auch bei uns im Zukunftsklima überleben werden. Können sie mangels Vorkommen in den Zwillingsregionen kein bestandenes Testergebnis vorweisen, dann sollten sie bis auf Weiteres nicht bei uns angebaut werden. Kein bestandener Test – kein Anbau! Vielleicht tauchen aber bei weiterer vertiefter Suche in den Zwillingsregionen noch Belegexemplare auf, und das positive Testergebnis kann auf diese Weise nachgeliefert werden.

Wir sollten demnach die Baumarten in den Zwillingsregionen sehr sorgfältig zählen, das Zählergebnis ebenso akkurat interpretieren und dann dazu nutzen, die Frage nach der Waldzukunft bei uns zu beantworten. In Abbildung 8 und Abbildung 9 sehen wir das Ergebnis der Auszählungen in allen zwölf Zwillingsregionen, die sich aus den zwei Szenarien RCP 4.5 und 8.5 und den jeweils sechs Zeitscheiben von 2000, 2020, 2040, 2060, 2080 und 2100 ergeben. Um die Grafiken nicht zu überfrachten, werden nur die jeweils 40 häufigsten Baumarten dargestellt. Beide Grafiken zusammen enthalten die stolze Anzahl von 480 Datenpunkten. Die waagrecht verlaufenden Achsen der Diagramme stellen die jeweilige Abfolge der zu den Zeitscheiben gehörenden Zwillingsregionen dar. Wir hatten uns vorher klargemacht, dass wir diese räumliche Abfolge von Nord nach Süd ebenso gut als zeitliches Nacheinander von heute und morgen interpretieren könnten. Daher sind die Zwillingsregionen nach den Zeitscheiben benannt, für die sie stehen. Auf den vertikalen Achsen sind die in den Zwillingsregionen gezählten Baumarten in einer bestimmten Reihenfolge zeilenweise eingetragen. In jeder Zeile befindet sich ein horizontal verlaufender Keil, der das Zählergebnis aller sechs Regionen nebeneinander darstellt. Die Darstellung ist immer auf das jeweilige Maximalergebnis unter allen zwölf Zwillingsregionen bezogen. Dort, wo der Keil seine größte Dicke hat, kommt die Baumart insgesamt, in allen sechs Zwillingsregionen, relativ am häufigsten vor. Wo der Keil am schmalsten ist, findet sich das geringste Zählergebnis. Kommt eine Baumart in einer Zwillingsregion gar nicht vor, so verschwindet auch der Keil, und es ist dort nichts eingetragen. Diese Erläuterung mag sehr abstrakt klingen. Wenn wir uns Beispiele ansehen, wird das Prinzip besser verständlich. Wir wählen uns aus den 40 Baumarten des Diagramms für das Szenario RCP 8.5 in Abbildung 9 drei typische Vertreterinnen heraus: die Fichte aus dem oberen Teil des Diagramms, die Vogelkirsche aus der Mitte und die Steineiche aus dem unteren Teil.

Die Baumart **Fichte** ist die dritte Baumart von oben. Sie zeigt über die sechs Zwillingsregionen hinweg von links nach rechts eine sehr charakteristische Keilform. Links ist der Keil dick, rechts schmal. In den nahen dunkelgrauen und hellblauen Zwillingsregionen ist damit die Fichte am häufigsten, je weiter wir uns vom Ausgangspunkt nach Süden bewegen, desto weniger Fichten werden gezählt. Die Baumart Fichte verkrümelt sich weiter im Süden, bis sie irgendwann fast gar nicht mehr vorkommt. Ganz im dunkelorangen Süden, in dem Klima, das der Zeitscheibe vom Ende des Jahrhunderts entspricht, werden nur noch verschwindend wenige Fichten gezählt. Je wärmer es wird, desto weniger Fichten stehen im Wald, so lautet die Botschaft dieses Keils. Wie sehr die Fichte unter einem herannahenden fremden Klima leidet, illustrieren Abbildung 1 und Abbildung 7 Im Klima der Vergangenheit gediehen die Fichten im Frankenwald und im Sauerland prächtig, jetzt fehlt ihnen die Anpassungsfähigkeit für ein neues ungewohntes Klima.

Bei der **Vogelkirsche** auf Position 18 sehen wir kaum Zu- und Abnahmen, es ist gar kein Keil erkennbar, sondern vielmehr ein durchgehender,

Abbildung 7: Gravierende Waldschäden durch Borkenkäfer in der von Fichten dominierten Waldlandschaft des nördlichen Sauerlands. Im Hintergrund ist der Möhnesee zu erkennen.

gleichbleibend dicker Balken. In allen sechs Zwillingsregionen werden annähernd gleich viele Vogelkirschen gezählt. Wie warm es auch sein mag, die Vogelkirsche zeigt sich vom Klima nur wenig beeindruckt und ist überall ähnlich häufig dabei.

Auf der drittletzten Position findet sich die **Steineiche**. Viele werden diese Baumart gar nicht kennen, denn bei uns wächst sie außerhalb von botanischen Gärten fast gar nicht. In den ersten beiden Zwillingsregionen für die Jahre 2000 und 2020 kommt sie daher nur in äußerst wenigen Einzelexemplaren vor. Erst in den weiter südlich gelegenen Regionen wachsen die Zählergebnisse an. Ihr Maximum erreicht die Baumart erst ganz am Ende der Reihe in der dunkelorangen Zwillingsregion für das Jahr 2100. Aus der Gesamtheit der Zählergebnisse ergibt sich, ähnlich wie bei der Fichte, ein Keil. Dieser Keil verläuft aber bei der Steineiche spiegelbildlich zu dem der Fichte. Die Spitze liegt hier links in den nahen und das dicke Ende rechts in den fernen Zwillingsregionen. In den kalten Regionen des Nordens werden sehr viel weniger Steineichen gezählt als in den warmen südlichen Zwillingsregionen.

An den drei Beispielen wird auch das Prinzip der Anordnung der Baumarten im Diagramm klar: Oben stehen die Baumarten, deren Häufigkeit nach Süden zu stark abnimmt. In der Mitte finden sich Baumarten ohne klare Tendenz in den Zählergebnissen, und unten sammeln sich die Baumarten, deren Häufigkeit nach Süden hin stark zunimmt.

Bisher haben wir die Grafiken zeilenweise, also waagrecht und damit bezogen auf die Baumarten, gelesen. Betrachten wir sie senkrecht, gewissermaßen spaltenweise für jede der sechs Zwillingsregionen, so bekommen wir ein Bild des Vorkommens der dortigen Baumarten und eine Ahnung von der Zusammensetzung der Wälder in den sechs Zwillingsregionen. Als Zusatzinformation sind die drei in jeder Zwillingsregion absolut häufigsten Baumarten mit einem Stern markiert. Die horizontale Abfolge der drei mit Stern versehenen Baumarten ergibt ein interessantes Muster. In den Regionen 2000 und 2020 auf Abbildung 9 (RCP 8.5) sind Buche, Kiefer und Traubeneiche die drei häufigsten Baumarten. Die nach Süden folgenden Regionen 2040 und 2060 zeigen mit Hainbuche, Trauben- und Stieleiche als Spitzenreiter schon ein verändertes Bild. 2080 übernehmen Edelkastanie, Manna-Esche und Flaumeiche die Führerschaft. Ganz rechts und damit ganz im Süden stehen die Sterne bei Manna-Esche, Flaumeiche und Steineiche. Das Bild der Wälder und ihre Artenzusammensetzung verändern sich demnach im Verlauf der Raumreise von Norden nach Süden in einer sehr charakteristischen Weise. Die Baumarten des Nordens werden von den Baumarten der Mitte abgelöst, und auf diese folgen im Süden wieder andere Baumarten. An Buchenwälder schließen südwärts Eichen-Hainbuchenwälder an, und noch weiter im Süden folgen darauf Flaumeichenwälder. Nicht nur einzelne Baumarten verändern ihre Häufigkeit auf der Reise in den Süden, auch die Zusammenschlüsse mehrerer Baumarten, die Waldgesellschaften, zeigen eine charakteristische Abfolge.

Ich empfehle Ihnen, sich als Leser durchaus länger in die Grafiken zu vertiefen und die Darstellung der einzelnen Baumarten auf sich wirken zu lassen. Vielleicht haben Sie Reisebeobachtungen, die die Ergebnisse bestätigen. Oder Sie kommen zu der Erkenntnis, dass Ihre Erfahrungen mehr auf die Heimat beschränkt sind und nicht so weit nach Süden reichen. Sie sollten sich schon jetzt im Klaren sein, dass die in der Grafik enthaltenen Baumarten eine besondere Bedeutung bei der Beschäftigung mit der Waldzukunft am Ausgangspunkt Nürnberg haben. An anderen Ausgangspunkten ergeben sich selbstverständlich andere klimatische Ausgangsbedingungen und meistens auch von unserem Beispiel abweichende Klimaentwicklungen. Daraus leitet sich für jeden Ausgangspunkt

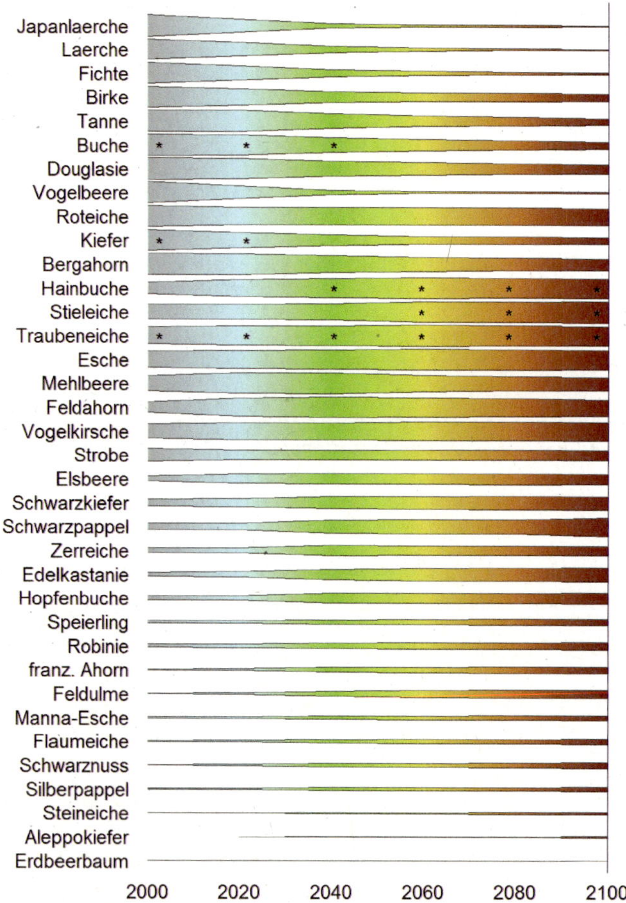

Abbildung 8: Häufigkeiten der Baumarten in den Zwillingsregionen im Szenario RCP 4.5 für den Ausgangsort Nürnberg. Die jeweils häufigsten drei Baumarten jeder Zwillingsregion sind mit einem * gekennzeichnet. Die Zwillingsregionen sind nach der Zeitscheibe benannt, für deren Klima sie stehen.

von Interesse eine eigene Abfolge von Zwillingsregionen mit jeweils anderen Baumarten und anderen Zählergebnissen ab. Das Prinzip der Auszählung und die Interpretation der Ergebnisse sind jedoch überall gleich. Die in Abbildung 8 und Abbildung 9 beispielhaft für Nürnberg erstellten Grafiken lassen sich für jeden anderen Ort auf die gleiche Weise, aber mit verschiedenen Ergebnissen erzeugen.

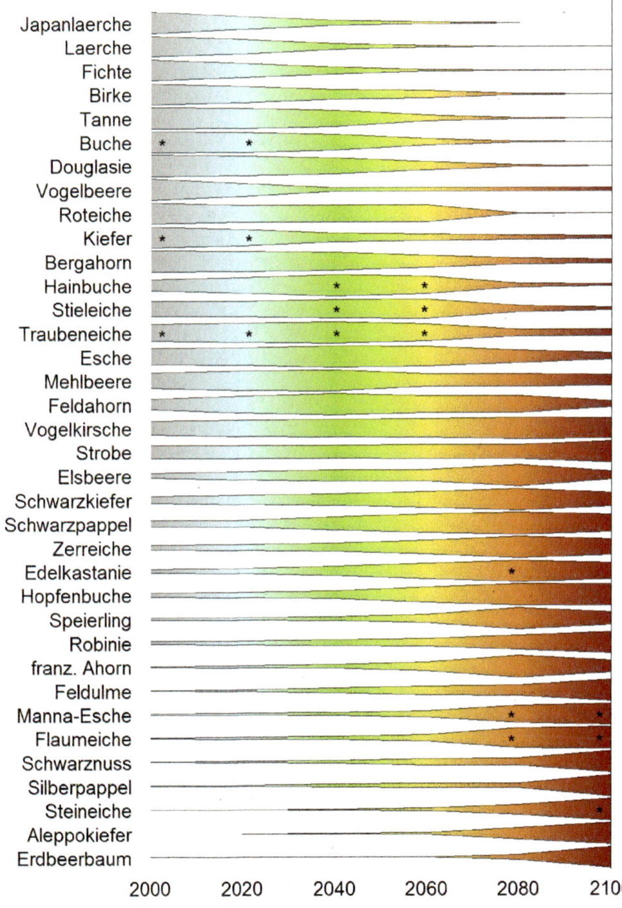

Abbildung 9: Häufigkeiten der Baumarten in den Zwillingsregionen im Szenario RCP 8.5 für den Ausgangsort Nürnberg. Die jeweils häufigsten drei Baumarten jeder Zwillingsregion sind mit einem * gekennzeichnet. Die Zwillingsregionen sind nach der Zeitscheibe benannt, für deren Klima sie stehen.

Bis hierher haben wir aus dem Nacheinander der Zeitreihe der Klimaentwicklung ein Nebeneinander im geografischen Raum erzeugt und in der sich daraus ergebenden Abfolge der Zwillingsregionen die Verteilung der jeweils in ihnen vorkommenden Baumarten bestimmt. Mit diesen frisch gewonnenen Ergebnissen können wir nun den Rückweg antreten und das nebeneinander untersuchte Verhalten der Baumarten in den Zwillingsregionen in die zeitliche Reihenfolge des Jahrhunderts bringen. Praktischerweise haben wir die Zwillingsregionen nach den ihnen zugeordneten Zeitscheiben benannt, sodass wir nun die Abbildung 8 und Abbildung 9 genauso als Zeitreihe für die Baumarten des Zukunftswalds lesen können. Verschwindet eine Baumart bei der Reise südwärts durch die Zwillingsregionen, so können wir daraus schlussfolgern, dass sie auch am Ausgangspunkt im weiteren Zeitverlauf des Klimawandels große Probleme bekommen wird. Ab einem bestimmten Zeitpunkt wird sie nicht mehr zum dann hier herrschenden neuen Klima passen. Erscheint eine Baumart bei der gleichen Reise südwärts neu, dann können wir davon ausgehen, dass nach und nach unser zukünftiges Klima für sie verträglich werden wird. Verändern sich die Häufigkeiten einer Baumart bei der Reise durch die Zwillingsregionen kaum, so dürfen wir hoffen, dass sie im hundert Jahre umfassenden zeitlichen Verlauf des Wandels am Ausgangspunkt nie, weder zu Beginn noch zum Ende dieses Zeitraums, ernsthafte Probleme mit dem Klima bekommen wird.

In den beiden Grafiken in Abbildung 8 und Abbildung 9 sind die Baumarten wie in der Tabelle einer Fußballliga angeordnet, nur in der umgekehrten Reihenfolge. Zuoberst stehen die Absteiger, das sind die Baumarten, die sich im Laufe des Klimawandels nicht mehr in den Wäldern am Ausgangspunkt halten können und demnächst aus der Liga am Ausgangspunkt absteigen werden. Zuunterst stehen die Aufsteiger, die im Klimawandel die Chance erhalten, künftig in der besagten Liga bei uns mitzuspielen. In der Mitte der Grafik stehen Baumarten, die sowohl gegenwärtig als auch zukünftig in der Liga dabei sind und damit weder zu den Abstiegs- noch zu den Aufstiegskandidaten zählen. Ohne zu weit vorzugreifen, können wir vorläufig festhalten, dass wir in der uns bevorstehenden Waldzukunft keinesfalls zu sehr auf künftige Absteiger setzen sollten. Diese werden sich nach und nach von selbst durch höhere Gewalt verabschieden. Die Aufsteiger hingegen haben eine gute Prognose, die umso besser wird, je weiter das Jahrhundert voranschreitet. Wir sollten uns aber klarmachen, dass das Risiko bei der Verwendung von Aufsteigern gegenwärtig noch hoch ist. Ihre große Zeit wird erst bei weiterem Fortschreiten des Klimawandels anbrechen. Jetzt leiden sie noch unter Frost, aber künftig werden sie der Dürre widerstehen und weniger Frost erfahren. Mit den zuverlässigen Baumarten aus der Tabellenmitte werden wir die wenigsten Fehler machen. Sowohl in der Gegenwart als auch in der Zukunft sind sie nach allem, was wir aus den Zwillingsregionen in Erfahrung bringen können, eine relativ sichere Bank (Abbildung 10).

Im Folgenden sind im Text immer wieder Textkästen eingestreut, in denen elf ausgewählte Baumarten aus der Gruppe der Tabellenmitte und der Aufsteiger näher dargestellt sind. Ein Vorteil des Verfahrens der Zwillingsregionen ist, dass man dort im Land der Zukunft die Zukunftsbaumarten selbst besichtigen kann.

Abbildung 10: Die Waldkiefern aus der Gruppe der Absteiger verabschieden sich (Bildhintergrund), und junge Traubeneichen aus der Gruppe der Tabellenmitte streben empor (Bildvordergrund). Ein Beispiel aus der Region um die Stadt Nürnberg.

Das Wichtigste in Kürze

Die Veränderung des Klimas in den räumlich aufeinanderfolgenden Zwillingsregionen geht mit einer charakteristischen Entwicklung der Häufigkeit der zugehörigen Baumarten einher. Manche Baumarten verschwinden auf dem Weg nach Süden, andere tauchen neu auf. Eine weitere Gruppe kommt ziemlich konstant sowohl bei uns als auch im Süden vor.

6 Unterstützte Wanderung: Der Zukunftswald kommt zu uns

Wären Bäume nicht festverwurzelte Pflanzen, sondern mobile Tiere, dann könnten sie leicht mit dem für sie günstigen Klima mitwandern. Tatsächlich hat man beobachtet, dass Meerestiere im Ozean den sich verändernden Wassertemperaturen hinterherschwimmen. Sie dehnen auf der Nordhalbkugel ihre Wohngewässer nach den erwärmten nördlichen Breiten aus und verlassen dafür die südlichen Breiten, sobald das Wasser ihnen dort zu warm geworden ist. Auf der Südhalbkugel ist es umgekehrt. Mit der Wanderung sorgen die Organismen dafür, dass sie immer die zu ihnen passende Wassertemperatur vorfinden. Bereits zu Beginn des Klimawandels konnte man bei noch geringer Temperaturerhöhung diese Artenwanderung entdecken. Sie wird sich weiter fortsetzen, solange der Klimawandel anhält. Ein wenig gruselig ist es schon, wenn eine uns gering erscheinende Klimaänderung solche großen Wanderungsbewegungen auslöst. Aus Sicht der wandernden Tiere ändert sich nichts, denn durch die Wanderung behalten sie ihre gewohnte thermische Umgebung und bleiben stets in ihrer Komfortzone. Für die Fischer bedeutet die Wanderung, dass sie entweder ihrer gewohnten Nahrungsgrundlage hinterherfahren oder, wenn sie bleiben, sich mit den Arten zufriedengeben müssen, die dageblieben sind oder vor Kurzem den verschwundenen nachgerückt sind. Der Klimawandel verlangt einiges an Flexibilität, so viel ist klar. Wer sich nicht bewegt, muss sich umstellen.

Stellen Sie sich einmal bildlich einen Zug vor, dessen Waggons mit Jahreszahlen aus der Klimazukunft beschriftet sind. Das neue Klima kommt zu uns wie mit einem Zug aus der Ferne. Jeder der Waggons ist zusätzlich mit den Baumarten gefüllt, die zu dem jeweils herantransportierten Klima passen. Diesem Bild des Klimazugs liegt die am Beginn dieses Buchs vermittelte Erkenntnis zugrunde, dass Klima und Baumarten auf lange Sicht in einer engen Gleichgewichtsbeziehung zueinander stehen. Insofern unterscheiden sich Waldbäume nicht von Meerestieren. Zu jedem Klima gehört eine Reihe von passenden Baumarten und zu jeder Baumart ein Klima, in dem diese sich wohlfühlt, wächst und gedeiht. Sehr praktisch wäre es daher, wenn die Baumarten zusammen mit dem Klima zu uns reisen würden, gewissermaßen als zusätzliche Fracht in dem auf uns zufahrenden Klimazug.

Warum bewegen sich die Baumarten nicht von selbst zusammen mit dem Klima zu uns hin? Anders als beim mobilen Klima ist die rasche Wanderung von Baumarten durch einige Bremsklötze und Hindernisse gehemmt. Baumindividuen sind immer immobil und an Ort und Stelle fest im Erdreich verankert. Bewegung ist ihnen nur über die Ausbreitung der Samen möglich. Nicht der einzelne alte Baum wandert, sondern allenfalls die Art mit ihren Nachkommen. Nachdem es meistens mehrere Jahrzehnte dauert, bis ein frisch aus dem Samen gekeimter Baumsprössling so erwachsen ist, dass er selbst Samen produziert, kann die Wanderung über Samen nur etappenweise vorangehen. Immer müssen die Nachkommen mit der Vermehrung und dem Weitertransport so lange warten, bis sie selbst erwachsen sind.

Die Wanderstrecke, die zwischen den Zwangsaufenthalten auf einer Etappe gewonnen werden kann, hängt davon ab, auf welche Weise die Baumsamen bewegt werden. Manche Baumarten verbreiten sich über den Wind, andere benutzen Tiere als Transportmedium. Die Mehrheit der Samen geht indessen immer in der Nähe der Altbäume zu Boden. Der Apfel fällt nicht weit vom Stamm. Die mittlere natürliche Wandergeschwindigkeit von Baumarten ist daher sehr gebremst und kann schon aus diesem Grund nicht mit dem viel zu schnellen Tempo der Klimawanderung Schritt halten.

Wie in der Geschichte vom Hasen und vom Igel ist das Klima immer schon da, bevor die Baumarten aus eigener Kraft nachgeeilt sein können. Ein zweiter Hinderungsgrund für eine spontane Wanderung liegt darin, dass unsere Landschaften zersiedelt und umgenutzt sind. Wälder liegen vielfach wie Inseln in der Landschaft verteilt. Jede Wanderung, sei sie nun schnell oder langsam, kommt ziemlich bald an schwer überwindbare Hürden. Äcker, Wiesen, Gewässer, Autobahnen und Siedlungen können nur von weit fliegenden Samen (wie z. B. Pappeln und Weiden) oder über tierischen Transport (wie z. B. Eicheln durch den Eichelhäher) überwunden werden. Außerhalb des Waldes gibt es für die ausgestreuten, windverfrachteten oder vertragenen Samen meistens keine reelle Chance, zu überleben und sich zu Mutterbäumen für die weitere Ausbreitung zu entwickeln. Selbst im Wald, das ist ein drittes Hemmnis, sind die Bedingungen für eine Baumvermehrung nur dann gegeben, wenn genügend Licht da ist, wenn keine Konkurrenten auftreten und auch alle anderen Gefahren, wie zum Beispiel der Fraß durch Tiere, abgewendet sind. Die natürliche Wanderung von Waldbaumarten ist eine gefahrvolle und sehr langsame Angelegenheit.

Es besteht nach allem, was wir wissen, nicht die geringste Chance, dass die zum neuen Klima passenden Baumarten von selbst den weiten und vielfach unterbrochenen Weg zu uns finden. Es kommen also, um im Bild zu belieben, nur leere Klimazüge bei uns an, solange das Problem der Immobilität der Baumarten fortbesteht. Wir bekommen gratis und ziemlich rasch ein neues Klima zugestellt, nicht aber die Baumarten, die dazu passen.

Im Klimawandel nach der letzten Eiszeit, dem letzten natürlichen Großereignis dieser Art vor dem jetzigen menschengemachten Klimawandel, hat die annähernd zeitgleiche Wanderung der Baumarten mit dem sich erwärmenden Klima noch funktioniert. Was war damals, etwa 10 000 Jahre vor unserer Zeitrechnung, anders? Der damalige Klimawandel verlief in einem wesentlich langsameren Tempo. Nach und nach wurde es wärmer, die Gletscher zogen sich langsam zurück, und die Baumarten wanderten in dem ihnen eigenen langsamen Tempo hinterher. Damals hielten die Baumarten gut mit dem Klima Schritt und konnten die für sie günstiger werdenden Klimaregionen immer aus eigener Kraft, ohne menschliche Unterstützung, erreichen. Die Landschaften waren nach der Eiszeit ausgeräumt und leer, ohne nennenswerte Besiedlung und Gestaltung durch den Menschen. Sie zeigten sich homogen, durchgängig und kaum unterbrochen. Damit gab es sehr viel weniger Ausbreitungshindernisse als heute. Die entstehenden Wälder selbst waren licht und hell, sodass die Samen leicht keimen und sich schnell zu erwachsenen und selbst Samen produzierenden Bäumen entwickeln konnten.

1 Traubeneiche

Zusammen mit der verwandten Stieleiche ist die Traubeneiche in vielen Ländern Mitteleuropas der Inbegriff einer dauerhaften, robusten und für den Menschen nützlichen Baumart. Die »deutsche« Eiche ist auf eine vielfache Weise mit der Geschichte unserer Regionen verknüpft. Ganze Landschaften sind durch die Verwendung von Eichenholz als Baumaterial geprägt. Am bekanntesten ist die Fachwerkbauweise, bei der Eichenbalken die tragenden Elemente bilden. Dies ist nur ein Beispiel für die enorme kultur- und wirtschaftshistorische Bedeutung der Traubeneiche.

Wenn wir die Traubeneiche als deutsche Baumart schlechthin betrachten, tun wir ihr Unrecht. Viele andere Länder Europas haben ebenso wie Deutschland Anteil am großen Heimatareal dieser Baumart. Ganz auffällig ist, dass in diesem Areal auch viele der Zwillingsregionen für Nürnberg und anderer Orte liegen. Weil das zukünftige Klima hier unter anderem aus der Mitte und dem Süden Frankreichs herkommt und dort die Traubeneiche zur zuverlässigen Ausstattung der Wälder

Abbildung 11: Heimatareal der Traubeneiche

gehört, besitzen wir viel Evidenz dafür, dass diese Baumart bei uns einer ziemlich gesicherten Zukunft entgegensieht. Ein großer Vorteil ist, dass man mit der Wahl der Traubeneiche an Bekanntes und Vorhandenes anknüpfen kann. Es kommt also darauf an, die schon vorhandenen Vorkommen weiter auszubauen und den Eichenanteil der Wälder kräftig zu erhöhen. Gegenwärtig beträgt in Deutschland der Anteil beider Eichenarten, Trauben- und Stieleiche zusammengenommen, nur etwas mehr als 10 Prozent. Überall dort, wo die Traubeneiche jetzt schon wächst, kann man ihren Anteil leicht über die natürliche Verjüngung steigern. Dabei hilft der Vogel Eichelhäher, der die Früchte der Eiche, die Eicheln, herumträgt und nur Bruchteile davon selbst verzehrt.

In den Gegenden, wo die Natur nicht genügend Eichen bereithält, kann man mit dem Verfahren der Truppflanzung dafür sorgen, dass in den Wäldern genügend Exemplare dieser Zukunftsbaumart heranwachsen.

Abbildung 12: Traubeneiche, begleitet von Rotbuchen in der südfranzösischen Zwillingsregion für Nürnberg

Es gehört übrigens in das Reich der Märchen, dass die Eiche besonders langsam wachse und deshalb länger als andere Baumarten brauche, um eine nutzbare Stärke zu erreichen. Im Gegenteil: Die Traubeneiche startet rasch und behält lange ein zügiges Wachstum, wenn nur die entsprechenden Ressourcen, vor allem Licht, vorhanden sind.

In den südlichsten Zwillingsregionen wird die Traubeneiche immer mehr von anderen Eichenarten wie der Flaumeiche begleitet und schließlich abgelöst. Es ist daher sinnvoll, sich nicht nur auf die Traubeneiche als einzige Baumart zu verlassen, sondern insbesondere für den weiteren Verlauf des Klimawandels vorzusorgen und weitere Baumarten, unter anderem auch weitere Eichenarten südlicher Herkunft, am Waldaufbau zu beteiligen.

Mit dem sehr raschen Tempo des jetzigen Klimawandels und den gravierenden Umgestaltungen der Landoberfläche stehen den Bäumen die Möglichkeiten der spontanen Baumartenwanderung als eine angemessene und vielfach erprobte Reaktionsweise der Natur nicht zur Verfügung. Im jetzigen Klimawandel prallen Mensch und Natur besonders brutal aufeinander, die sonst wirksamen natürlichen Anpassungsmechanismen der spontanen Wanderung fehlen nun.

Weil die zum Klima passenden Baumarten nicht von selbst den Weg zu uns finden, brauchen sie Unterstützung. Ein Ersatz für die aus den genannten Gründen unmögliche natürliche Wanderung ist die unterstützte Wanderung, die in der Wissenschaft mit dem Fachbegriff »Assisted Migration« bezeichnet wird. Der Grundgedanke der unterstützten Wanderung ist einfach und bestechend. Wir lassen die Klimazüge nicht leer fahren, sondern bringen die zum fernen Klima passenden Baumarten als Samen oder Jungpflanzen über die Distanz, indem wir Menschen den Transport übernehmen. Wir unterstützen mit menschlichen Hilfeleistungen einen natürlichen Prozess, der ohne diese Unterstützung nicht, zumindest nicht schnell genug stattfinden würde. Wenn wir die zu unserem zukünftigen Klima passenden Baumarten aus der Ferne herholen und in unseren Wäldern einpflanzen, so ahmen wir im Zeitraffer ein sehr bewährtes Verfahren der Natur nach. Die Natur würde unter günstigeren Bedingungen genau den gleichen Weg gehen. So betrachtet, ist die unterstützte Wanderung ein sehr naturnahes Verfahren, auch wenn es zunächst ausgesprochen künstlich erscheint.

Wenn wir die Methode der unterstützten Wanderung praktizieren, dann knüpfen wir das durch den Klimawandel zerrissene Band zwischen Klima und Baumart an einem anderen Ort neu. Wir achten darauf, dass die Bäume immer zum Klima passen und sich stets wohlfühlen, auch wenn dafür der Ort gewechselt werden muss. Damit gewährleisten wir, dass alle Baumarten stets klimaheimisch bleiben, auch wenn sie dabei geografisch in ihnen ursprünglich fremde Gebiete geraten. Auf das Gebiet bezogen und aus der Perspektive der hier angestammten Baumarten mögen die mit unterstützter Wanderung zu uns gelangenden Baumarten fremd sein. Sie erreichen Gebiete, in denen sie zuvor kaum oder gar nicht vorkamen. Vor dem Hintergrund des ebenfalls zu uns kommenden fremden Klimas können sie sich aber durchaus klimamäßig daheim, klimaheimisch fühlen. Das fremde Klima kennen sie ja schon. Ganz im Gegensatz dazu werden viele der bei uns bisher vorhandenen gebietsheimischen Baumarten auf ihren angestammten Plätzen mit zunehmender Erwärmung klimafremd, müssen ihre Stammplätze und Komfortzonen verlassen. Wenn sie das nicht tun, bekommen sie Probleme mit dem neuen fremden Klima, an das sie nicht angepasst sind. Nur wenn sie sich ihrerseits auf eine unterstützte Wanderung nach Norden begeben, kann das ihr Überleben gewährleisten.

Lange Zeit hat in Naturschutz und Forstwirtschaft der Grundsatz gegolten: Das Heimische (oder das Lokale) ist das Beste (»The local is the best«). Man hat diesen Leitsatz bisher streng geografisch verstanden und sich in vielen Fragen ausschließlich auf die nähere Umgebung, auf die Lokalität oder Region, beschränkt und von dort Baumarten, aber auch Saatgut und Pflanzenmaterial bezogen. Würde man an diesem bewährten und verbreiteten Prinzip der Gebietstreue im Klimawandel festhalten und wie bisher vorwiegend lokale, gebietsheimische Arten verwenden, dann hätte diese Strategie geringe Erfolgsaussichten. Man würde ziemlich sicher in Kauf nehmen müssen, dass die so favorisierten Arten zunehmend klimafremd werden und dann nicht mehr zum neuen Klima passen. Im Klimawandel werden gebietsheimische schnell zu klimafremden Arten, wenn man nichts unternimmt. Gebietsfremde Arten entwickeln sich umgekehrt genauso rasch in klimaheimische, wenn man die Wanderung unterstützt und das Band zwischen Klima und Baumart erhält. Mit der Methode der unterstützten Wanderung sorgen wir so dafür, dass in unseren Wäldern auch während und nach dem Klimawandel weiterhin klimaheimische Arten beteiligt sind. Mit dieser Methode arbeiten wir nach dem neuen Grundsatz: »Das Klimaheimische ist das Beste.« Damit formulieren wir das herkömmliche, bisher gültige Prinzip »Das Gebietsheimische ist das Beste« um. Wir tun das vor dem Hintergrund völlig neuer klimatischer Rahmenbedingungen und von der Notwendigkeit nach Anpassung getrieben. Der Klimawandel bringt nicht nur das Klima und die Baumartenverteilung durcheinander, er verändert auch unsere Vorstellungen von heimisch und fremd. Wir müssen uns notgedrungen sowohl mit dem fremden Klima, als auch mit fremden Baumarten anfreunden.

Das Wichtigste in Kürze

Wenn genügend Zeit zur Verfügung stünde und wenn die Landschaft durchgängig wäre, dann würden sich die Baumarten des Südens auf eine natürliche Wanderung hin zu uns begeben und von selbst dem zu uns ziehenden Klima nachfolgen. Weil diese Bedingungen nicht erfüllt sind, unterstützt man den Prozess mit Menschenhand und bringt die zum neuen Klima passenden Baumarten auf künstliche Weise zu uns.

7 Absteiger, Tabellenmitte und Aufsteiger: Wir gestalten den Zukunftswald

Wer jemals in der Verlegenheit war, ein Team für eine große Aufgabe zusammenzustellen, der weiß, wie entscheidend die Wahl der Teammitglieder ist. Es ist dabei wichtig, verschiedene Begabungen, Charaktere, Lebensalter und Geschlechter zusammenzubringen. Jeder von uns hat schon einmal erlebt, wie erfolgreich es für die Sache sein kann, wenn ein anderer Teamplayer eine Aufgabe besser erledigt als man selbst. In einer anderen Situation ist es genau umgekehrt, und man kann in dem Bereich aushelfen, in dem man selbst besondere Stärken hat, und auf diese Weise die Teamleistung steigern. Durch eine andere Sichtweise auf die Probleme und die Lösungswege bereichert die Vielfalt der Teammitglieder die Arbeit.

Eine Fußballmannschaft aus lauter Mittelstürmern ist ziemlich unsinnig. Für ein gutes Team braucht man bei der Aufstellung Spieler verschiedener Art. Manche sind Traditionsspieler und schon ewig in der Mannschaft. Sollte man weiter auf sie bauen oder sich von ihnen trennen und jüngeren Talenten den Vorzug geben? Kann man auf ihre besondere Erfahrung verzichten? Andere Kandidaten sind bereits da und dort dabei, aber sie konnten ihre Potenziale bisher nicht richtig entfalten. Man sollte ihnen vielleicht eine Chance für einen größeren Auftritt bieten und sie besser kennenlernen. Eine ganze Gruppe von Kandidaten spielt im Ausland. Sie müssten dort erst teuer abgeworben werden. Auf ihnen ruhen große Hoffnungen, aber man scheut auch die Risiken einer Fehlentscheidung, zumal man die fremden Spieler nicht so gut kennt wie die Stammspieler. Will man die Paradiesvögel auch dabeihaben oder lieber nicht? Bis eine Mannschaft steht, sind viele Überlegungen zu treffen. Im Wald ist es genauso, die Baumartenwahl im Klimawandel zählt zu den anspruchsvollsten Aufgaben, die die Forstwirtschaft kennt.

Im vorletzten Kapitel haben wir die Baumarten der Zwillingsregionen in die drei Kategorien Absteiger, Tabellenmitte und Aufsteiger einsortiert.

Die erste Kategorie der Absteiger hat ihre Probleme mit dem Zukunftsklima, die zweite Gruppe in der Tabellenmitte hat wenige Probleme in allen Phasen des Jahrhunderts, und die dritte, letzte Kategorie leidet unter einer schlechten Anpassung an die gegenwärtigen Bedingungen. Um den Zukunftswald zu gestalten, ist es nützlich, sich mit allen drei Kategorien zu beschäftigen und sie allesamt in der Mischung zu verwenden und aus ihnen ein starkes Team zu formen. Alle drei Kategorien haben nämlich ihre Eigenwerte und entfalten erst in der Kombination ihre volle Wirkung. Nur auf die Absteiger zu setzen wäre ausgesprochen töricht und wenig erfolgversprechend. Sich ausschließlich auf Baumarten aus der Tabellenmitte zu beschränken, könnte dazu führen, dass man die Potenziale der Aufsteiger verschenkt, die man vor allem in der Zeit nach dem Jahr 2100, vermutlich aber auch schon vorher unter den Umständen eines ungebremsten Klimawandels noch dringend gebrauchen könnte. Es ist nicht unwahrscheinlich, dass es auch nach der Grenze der nächsten Jahrhundertwende, nach dem Jahr 2100 als unserem Betrachtungshorizont, zu weiterem Klimawandel kommt. Es ist daher fraglich, ob für die besonders starken und lang anhaltenden Formen des Klimawandels die Anpassungsleistungen von Baumarten der Tabellenmitte allein ausreichen werden. Nur auf die Aufsteiger zu setzen kann ebenfalls sehr risikoreich und wenig klug sein. Man denke nur an das hohe Anfangsrisiko in den frühen Stadien des Klimawandels, in denen Frost und Kälte die vielversprechenden Aufsteiger auf den Boden der Tatsachen zurückbringen. Wie häufig im Wald liegt die Lösung des Problems in einer geschickten Kombination: Es kommt darauf an, zwischen und innerhalb der drei Kategorien zu mischen. Auf diese Weise kombiniert man die Vorteile aller drei Kategorien und hofft darauf, dass durch die geschickte Zusammenstellung die Nachteile entsprechend abgemildert werden.

Die Absteiger bilden in beträchtlichem Umfang den Kernbestand an Baumarten in den jetzt vorhandenen Wäldern. Es ist eine Illusion anzunehmen, dass wir uns von heute auf morgen komplett von diesen Baumarten verabschieden und sie aus den Wäldern eliminieren können. Der Abstieg in die nächstniedrige Liga braucht Zeit und geht nicht von heute auf morgen. Viel realistischer ist es, davon auszugehen, dass uns diese

Baumarten in abnehmenden Anteilen weiterhin, sogar über die Jahrhundertmitte hinaus, in den Wäldern begegnen, auch wenn sie einem stetig wachsenden Risiko ausgesetzt sind. Wir können, realistisch betrachtet, in der nächsten Zeit kaum völlig auf sie verzichten. Wie Traditionsspieler sind sie in einem gewissen Sinn unentbehrlich. Vielleicht haben sie auch für eine Übergangszeit eine befristete Überlebenschance, weil sie, gemischt mit Baumarten aus den anderen beiden Kategorien, von deren Anwesenheit profitieren. Die Gnadenfrist für die Absteiger und Traditionsspieler ist ein wesentliches Element der Klimawandelanpassung, weil ein anderes, schnelleres und radikaleres Vorgehen mit dem völligen Verzicht auf die Traditionsspieler gar nicht mit vernünftigem Aufwand zu leisten wäre.

Die Baumarten aus der Mitte der Tabelle sind derzeit noch wenig zahlreich und dann auch nur sporadisch verteilt in den Wäldern vorhanden. Derzeit gehören sie zu den seltenen und oft als reine Liebhaberstücke abgewerteten Baumarten. Bei dieser Gruppe und ihren Mitgliedern kommt es darauf an, sowohl ihre Häufigkeit deutlich zu steigern als auch dafür zu sorgen, dass sie künftig gut und gleichmäßig verteilt die Wälder bereichern. Baumarten aus der Tabellenmitte sollten beschleunigt und verstärkt eingebracht werden, da ihre Potenziale für die ganzen hundert Jahre Waldzukunft, die wir hier betrachten, ausreichen. Jetzt kommt es darauf an, diese Potenziale rasch zu nutzen.

Sich mit den Aufsteigern zu beschäftigen und sie am Zukunftswald zu beteiligen mag wenigstens in der Gegenwart noch den Anschein eines Experiments haben. Sind wir nicht ein wenig voreilig, wenn wir schon jetzt Baumarten aus den südlichsten Zwillingregionen zu uns bringen und sie hier einem noch unpassenden, weil zu kalten Klima aussetzen? Wann werden die Winter warm genug sein, dass den Baumarten dieser Gruppe Frost und Kälte nichts mehr anhaben werden? Mir kommen die Baumarten der dritten Kategorie wie eine Versicherungspolice gegenüber besonders starken Hitze- und Dürreereignissen vor, die eventuell mit Rückschlägen und Verlusten durch Frost und Kälte bezahlt werden muss. Sicherheit hat ihren Preis. Für besonders vorsichtige Zeitgenossen kann diese zusätzliche Absicherung aber, nachdem wir die Risiken sorgfältig abgewogen haben, durchaus interessant sein. Hohe Sicherheit im Klimawandel erfordert eben auch einen gewissen Einsatz und das unternehmerische Wagnis.

Wie fein man auch immer die Beteiligung der drei Baumartengruppen am Zukunftswald gegeneinander austariert, man sollte den Risiken des Klimawandels stets mit dem Mischungsprinzip begegnen. Es dient der Risikostreuung, zwischen und auch innerhalb der Gruppen konsequent zu mischen. Mit etwas Geschick und der richtigen Technik ist es durchaus möglich, Baumbestände mit vier und noch mehr beteiligten Baumarten auszustatten. Die große Zeit der Monokulturen und Reinbestände als Kennzeichen scheinbar effektiver Forstwirtschaft ist ohnehin schon längst vorbei. Das höchste Risiko des Scheiterns im Klimawandel weisen unstrukturierte einförmige Baumplantagen mit wenigen Baumarten auf, insbesondere wenn die Baumarten aus dem Kreis der Absteiger gewählt wurden. Mannschaften aus lauter Traditionsspielern können wir nicht gebrauchen, wenn die Anforderungen steigen. Mangelnder Klimaanpassung der Traditionsspieler können wir nur durch konsequente Anreicherung mit anderen Baumarten und durch Anwendung des Mischungsprinzips begegnen. Leider sind Baumbestände, die als Ganzes schlecht angepasst sind, derzeit noch ziemlich häufig in unseren Wäldern zu finden. Das entgegengesetzte Extrem einer perfekten Anpassung ist eher selten und besteht aus Wäldern, die vorwiegend aus Baumarten der Tabellenmitte und der Aufsteigergruppe aufgebaut sind. Sie sind umso angepasster, je mehr Baumarten- und Strukturreichtum sie aufweisen. Für die Klimawandelanpassung im Wald ist neben der Artenwahl auch Arten- und Strukturdiversität der Schlüssel zum Erfolg. Wir sollten aber bei aller Bedeutung von Vielfalt und Diversität stets darauf achten, das aus den Zwillingsregionen abgeleitete Vorwissen über das wahrscheinliche Verhalten der Baumarten im neuen Klima zu berücksichtigen. Vielfalt allein ist zu wenig, es kommt darauf an, dass sie zusätzlich aus den richtigen Elementen besteht und gut verteilt ist. Der Grundsatz »Viel hilft viel« greift in der Klimawandelanpassung eindeutig zu kurz. Wahl kommt vor Zahl. Der Erfolg des Zukunftswalds ruht zu gleichen Teilen auf den zwei Säulen Vorwissen und Mischung (Abbildung 13). Um sich auf Vorwissen allein zu stützen, sind die Informationen nicht sicher und verlässlich genug. Mit Mischung allein steigt die Gefahr, dass man eine Kombination aus vielen Ungeeigneten und Unangepassten bekommt. Erst auf beiden Säulen zusammen wird man einen Zukunftswald begründen, der mit der größten verfügbaren Wahrscheinlichkeit den Anforderungen des neuen Klimas gerecht werden wird.

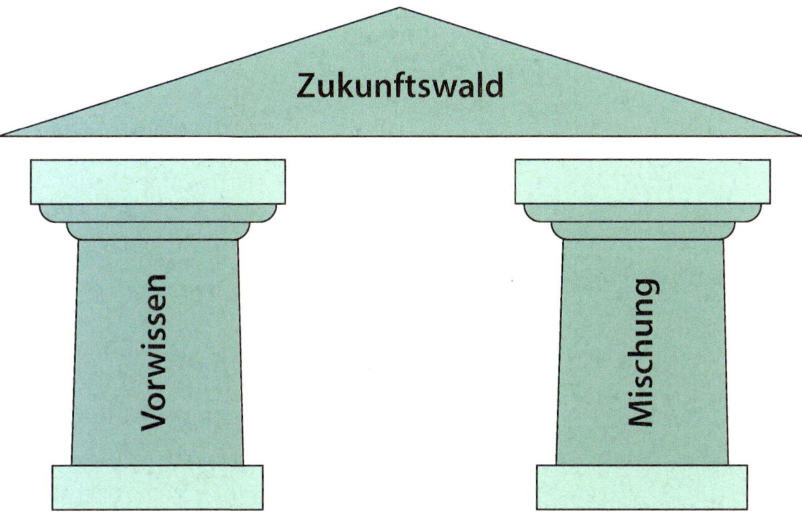

Abbildung 13: Der Zukunftswald ruht auf zwei Säulen: Die eine ist das in den Zwillingsregionen erworbene Vorwissen über die Klimaanpassung der Baumarten, die andere besteht in der Mischung verschiedener Baumarten.

Das Wichtigste in Kürze

Die Baumarten aus den Zwillingsregionen sind im Zukunftsklima getestet und haben sich dort bewährt. Man kann sich daher auf dieses Vorwissen stützen und mit seiner Hilfe dem Zukunftswald die nötige Stabilität und Vielfalt verleihen, indem man Absteiger reduziert und vermeidet, Baumarten aus der Tabellenmitte bevorzugt und Aufsteiger beteiligt.

8 Bedachte Anreicherung: Wir bauen den Zukunftswald auf

Anreicherung ist ein schönes Wort unserer Sprache. Hat man zum Beispiel ein Regalbrett voller Bücher und kauft sich ein neues Exemplar dazu, dann wird man in den seltensten Fällen alte, lieb gewonnene Bücher wegwerfen, damit Platz für die Neuerwerbung entsteht. In den allermeisten Fällen wird man die Neuerwerbung dazustellen und damit die Sammlung reicher machen, eben anreichern. Man schafft sich Platz, indem man die vorhandenen Bücher stärker zusammenquetscht, oder man legt das neue Buch quer auf die alten. Wenn man etwas Neues anschafft, bedeutet das nicht zwangsläufig, dass man sich vom Alten trennen muss. Vielleicht kommt später einmal der Zeitpunkt des Aussortierens und Wegwerfens, aber über viele Jahre kann das Alte und Neue in friedlicher Koexistenz nebeneinander auf dem gleichen Regal stehen. Neuerungen kann man leichter akzeptieren, wenn sie nicht vollständig zulasten des Althergebrachten gehen.

»Wer hat dich, du schöner Wald aufgebaut, so hoch da droben?«, so heißt es in einem Gedicht von Joseph von Eichendorff aus dem Jahr 1810. In seiner Zeit verstand man Wälder noch als Naturereignisse, die das Werk eines Schöpfergotts, einer höheren Macht oder der vitalen Naturkräfte sind. Dieses enge Verständnis hat sich nach und nach gewandelt. Die unbeeinflusste Wildnis ohne menschliche Einflussnahme gibt es kaum noch. Bis in die entferntesten Winkel der Erde hinein werden Wälder von den Aktivitäten des Menschen absichtlich und unabsichtlich beeinflusst. Überall sind auch im Wald vielfältige Spuren menschlicher Aktivität zu sehen. Beim Klimawandel wird dieser menschliche Einfluss besonders deutlich. So wie die Ursachen des Klimawandels weitgehend global sind, so sehr sind es auch die Auswirkungen des Wandels. Der Klimawandel wirkt weltumspannend bis in die entferntesten Winkel hinein. Weil Wälder besonders stark dem Klima ausgesetzt sind, gibt es weltweit keinen Wald, der nicht das Signal des Klimawandels empfängt und der, jeder auf seine Weise, nicht bereits darauf reagiert. Überall wird an der Klimaschraube gedreht und der Wald aus der Balance gebracht. Die Idealvorstellung von der Harmonie der Wildnis und dem Gleichgewicht aller Naturkräfte wird angesichts des Klimawandels sehr infrage gestellt.

Wenn der Klimawandel in der begonnenen Intensität weitergeht, dann geraten viele Wälder, sowohl ziemlich naturbelassene als auch plantagenartige Monokulturen sowie alle denkbaren Zwischenstufen, in ziemliche Bedrängnis. Mithilfe der Darstellungen in Abbildung 8 und Abbildung 9 ist es leicht möglich, für einen beliebigen Baumbestand das bestehende Klimarisiko und den Handlungsbedarf bei einem gegebenen Szenario abzulesen. Wenn die Baumarten in einem Waldbestand zu großen Teilen aus Absteigern bestehen, dann wird die Anpassung weitaus notwendiger, als wenn der Wald schon jetzt lauter Baumarten aus der Tabellenmitte und gar zusätzlich noch Aufsteiger enthält. Das Risiko hängt dabei hauptsächlich von der Klimatauglichkeit der Baumarten in ihren Herkunftsgebieten, den Zwillingsregionen, ab. Die Naturnähe des Waldaufbaus, die frühere Behandlung oder die Anzahl der beteiligten Baumarten sind im Klimawandel wenig relevant.

Wir betrachten die Waldverhältnisse in den Zwillingsregionen und ermitteln daraus zukünftige Risiken für die Waldbestände bei uns. Bei hohem Risiko besteht dann die Notwendigkeit, die fraglichen Wälder rechtzeitig mit risikoärmeren Baumarten anzureichern. Auch für diesen Zweck ist die Zusammenstellung in Abbildung 8 und Abbildung 9 sehr hilfreich.

Dies soll an einem konkreten Beispiel veranschaulicht werden: Einen risikoreichen Bestand aus reiner Kiefer im Raum Nürnberg würde man mit Traubeneiche, Hainbuche, Edelkastanie und Zerreiche anreichern und damit das Risiko für einen Ausfall in späteren Zeitabschnitten ganz wesentlich drücken. Die zur Anreicherung verwendeten Baumarten gehören einerseits zur Gruppe der Tabellenmitte und andererseits zur Gruppe der Aufsteiger. Die Überlebenswahrscheinlichkeit dieser Anreicherungsbaumarten ist in allen Fällen höher als die der bis jetzt ausschließlich vorhandenen Kiefer. Zusätzlich wird durch die Beigabe der genannten vier Baumarten die Anzahl der beteiligten Baumarten auf fünf erhöht. Das

Risiko ist damit künftig nicht mehr nur auf eine, sondern auf fünf Schultern verteilt.

Wir erhalten überdies im Ergebnis ein Gemisch aus allen drei Baumartenkategorien. Auch innerhalb der stabilen Kategorien Tabellenmitte und Aufsteiger haben wir zur größeren Sicherheit jeweils zwei Vertreter gewählt. Indem wir das Mischungsprinzip sehr konsequent anwenden und das Risiko verteilen, senken wir das Gesamtrisiko des Bestands: »Wer streut, rutscht nicht.«

Das von uns angewandte Verfahren kann man als »bedachte Anreicherung« bezeichnen. Der Wald wird mit diesem Verfahren bewusst reicher an Baumarten gemacht. Bedacht ist das Verfahren, weil wir die Baumarten einem strengen Auswahlverfahren unterzogen haben und nur das mischen, was auch eine hohe Überlebenschance hat. Die Anzahl der Baumarten wird mit aus der unterstützten Wanderung stammenden neuen Elementen erhöht, das Baumartengefüge wird angereichert. Wir vermeiden es, in einer simplen und wenig wissenschaftlichen Weise einfach die Zahl der Baumarten zu erhöhen, ohne das Vorwissen über deren Risiko im Klimawandel einzubeziehen. Mit der bedachten Anreicherung wird der Wald besser angepasst und damit ärmer an den Risiken, die mit dem Klimawandel verbunden sind. Der Weg führt von einem risikoreichen Waldaufbau mit nur einer unangepassten Baumart hin zu einer risikoärmeren Mischung mit fünf Baumarten. Das Hauptprinzip der bedachten Anreicherung ist die Mischung.

Da der Zukunftswald nach und nach entstehen soll, ist es nicht sinnvoll, in einer Hauruckaktion alle vorhandenen Baumarten auf einmal auszutauschen. Das Neue ersetzt nicht komplett das Vorhandene, sondern es wird nach und nach das Neue zum Alten hinzugefügt. Dieses additive Verfahren ermöglicht uns, sowohl den Übergang möglichst fließend zu gestalten als auch kostensparend vorzugehen. Es wird dabei nichts Altes in großem Stil weggeworfen, es kommt vielmehr nur etwas Neues hinzu. Außerdem entstehen bei diesem Verfahren nicht schlagartig die großen Freiflächen, die als Kahlschläge zu Recht als das Musterbeispiel einer brutalen und wenig sachgerechten Forstwirtschaft gebrandmarkt sind. Der komplette Ersatz der Baumartengarnitur wäre teuer und nur über das

2 Feldahorn

Der Feldahorn hat seinen Namen von der Verwendung als Feldhecke. Von den drei in Deutschland weitverbreiteten Ahornarten (Berg-, Spitz- und Feldahorn) ist er am besten an ein warmes und trockenes Klima angepasst. Anders als viele andere wärme- und trockenheitsangepasste Baumarten verträgt er jedoch auch Winterkälte. Für die Klimawandelanpassung ist er deshalb geradezu ideal geeignet. Wenn man ihn jetzt pflanzt, erfriert er nicht, und in der Zukunft vertrocknet er nicht. Als Waldbaum hat der Feldahorn bisher keinen besonders guten Ruf. Manche halten ihn eher für einen Strauch, obwohl er bei optimalen Bedingungen auch ein 30 m hoher Baum mit einem starken Stamm werden kann.

Das Heimatareal des Feldahorns umfasst Mitteleuropa, Osteuropa und große Teile Südeuropas. In nahezu allen Zwillingsregionen für Nürnberg kommt er vor. Die Prognosen sind daher für alle Phasen des Klimawandels ausgezeichnet, die Baumart gehört zu denen der Tabellenmitte.

Der Feldahorn hat nur wenige natürliche Feinde und besitzt eine erstaunliche Vitalität. Hierfür sind auch seine ledrigen Blätter verantwortlich, die sehr gut gegen Austrocknung geschützt sind. Ein weiterer

Abbildung 14: Heimatareal des Feldahorns

Vorteil ist sein enormes Ausschlagvermögen. Nach Verletzungen treiben Feldahorne rasch und zuverlässig wieder aus. Daher kann man sie auch leicht mit der Schere zu Hecken formen. Das Wurzelwerk ist sehr intensiv. Es schützt den Boden vor Abtrag und versorgt den Baum auch in Dürreperioden mit Wasser. Dennoch ist der Feldahorn kein Wunderbaum, denn das oberirdische Wachstum geht auf trockenen Standorten sehr zurück. Kleine Dimensionen sind in diesem Fall der Preis für hohe Vitalität.

Feldahorne wachsen in Mischwäldern zusammen mit vielen anderen Baumarten. Wegen ihres oft reduzierten Wachstums ist die Baumart bei uns noch selten und oft auf Waldränder und Hecken beschränkt. Durch die geflügelten Früchte verbreitet sich der Feldahorn sehr gut auf natürlichem Wege. Man kann ihn aber auch pflanzen, wenn es keine Samenbäume in der Umgebung gibt. Gegenüber der Konkurrenz der Baumnachbarn muss man Feldahorne durch Pflegemaßnahmen verteidigen. Dies gelingt besonders gut im Pflanzrad.

Abbildung 15: Starker Feldahorn bei Weinsberg in Baden-Württemberg

sehr unschöne (Abbildung 1, Abbildung 7) Verfahren des Kahlhiebs zu realisieren. Zuletzt steht uns mit dem additiven Verfahren jederzeit der Rückweg offen, falls sich die Entwicklungen anders als vorausgesehen gestalten. Wir minimieren damit das Risiko, das durch die Anpassung selbst geschaffen wird. Nutzen wir daher also bestehende Strukturen und schleichen wir uns auf leisen Sohlen elegant und mit möglichst wenig Nebenwirkungen in den Zukunftswald hinein. Wir können so leichter auf Überraschungen reagieren und vermeiden damit späteres Bedauern unserer Entscheidungen. Vielfach werden wir die Folgen unseres Handels gar nicht mehr erleben. Umso wichtiger ist es, den Generationenvertrag im Wald zu erfüllen und unseren Nachfolgern eine gute Ausgangsposition für eigenes Handeln zu verschaffen.

Das Wichtigste in Kürze

Für den Zukunftswald wird nicht der bestehende Wald komplett umgekrempelt, sondern es werden neue Baumarten den vorhandenen hinzugefügt. Mit dem schonenden Verfahren der bedachten Anreicherung arbeitet man sparsam und vermeidet unerwartete Nebenwirkungen.

9 Weitere Ansprüche: Ist ein passendes Klima genug?

Eine gewisse Zeit nachdem man sich ein traumhaftes Team zusammengestellt hat, merkt man vielleicht, dass man zwar auf die Spielstärke geachtet hat, aber dass bei einigen Teammitgliedern andere Qualitäten nicht beachtet wurden. Was nützt der beste Spieler, wenn er menschliche Eigenschaften besitzt, die dem Team nicht guttun? Bei der Zusammenstellung des Teams darf man sich nicht ausschließlich auf eine Eigenschaft konzentrieren, sondern man muss sich ein Gesamtbild machen. Für eine Fußballmannschaft mag es sehr wichtig sein, dass der Kandidat gut Fußball spielen kann. Daneben werden aber noch andere Anforderungen benötigt, wie zum Beispiel diejenigen, die man neudeutsch »Soft Skills« nennt. Man muss an vieles denken, wenn man ein Team auswählt.

Die Auswahl der Zwillingsregionen beruht allein auf den drei klimatischen Größen Sommer-, Wintertemperatur und dem Sommerniederschlag. Müsste man nicht noch andere Größen, zum Beispiel die Bodeneigenschaften, einbeziehen, um ein echtes Zwillingsverhältnis zu erzielen? Trotz ihres vielversprechenden Namens sind die Zwillingsregionen keine exakten Kopien unserer Zukunftsverhältnisse, sondern lediglich Gebiete, die in einigen Punkten ein ähnliches Klima haben, wie wir es bei uns in der Zukunft erwarten. Ähnlichkeit ist in diesem Fall keinesfalls mit Gleichheit zu verwechseln und überdies ausschließlich auf das Klima bezogen. Eine weitere Einschränkung ergibt sich dadurch, dass nur die oben genannten drei für die Baumexistenz besonders relevanten Klimagrößen verwendet werden. Diese ganzen Begrenzungen ergeben einen Sinn, denn es geht ja um den Klimawandel und um das Gedeihen der Baumarten unter verschiedenen Klimabedingungen. Daher werden bei den Zwillingsregionen die weltweit ähnlichsten Klimate herausgepickt. Es verbleibt aber selbst bei dieser strengen Auswahl ein großer Rest an Verschiedenheit. Unmittelbar leuchtet ein, dass man die Ergebnisse der

Baumartenauswahl in den Zwillingsregionen kritisch überprüfen und die Ergebnislisten, wenn nötig, weiter einschränken sollte. Nicht jede Baumart aus dem Süden kann ohne weitere Überlegungen, z.B. zur Bodenbeschaffenheit, bei uns angebaut werden. Kommt eine Baumart in den Zwillingsregionen in hinreichender Häufigkeit vor, dann ist sie zunächst nichts weiter als eine im neuen Klima erprobte Option, die für den Anbau bei uns mit sehr hoher Wahrscheinlichkeit ein gutes Potenzial der Anpassung allein an das künftig herrschende Klima aufweist. Die Prognose für das zukünftige Gedeihen bei uns ist durch das Vorkommen in den Zwillingsregionen so günstig, wie sie, auf das Klima bezogen, nur sein kann. Man könnte für ein Vorkommen in den Zwillingsregionen auch das Prädikat »Getestet unter realen Klimabedingungen« vergeben. Dennoch kann es sein, dass der Anbau der so gefundenen Baumarten an weiteren Ansprüchen scheitert, weil bestimmte Bodeneigenschaften in der neuen Heimat nicht erfüllt werden können. Zusätzlich zu dem Klimafilter der Zwillingsregionen müssen also weitere Filter hinzukommen, die die Auswahl der Baumarten weiter auf das Machbare und Erfolgreiche hin einschränken können.

Zum Glück kann man die Vorkommen in den Zwillingsregionen dazu nutzen, die Vorlieben der Baumarten für bestimmte Bodeneigenschaften vor Ort zu untersuchen und in die Anbauentscheidung einfließen zu lassen. Da es sich um real existierende Bäume handelt, genügt dieses Vorgehen auch der strengen Forderung nach Evidenz, die man an wissenschaftliche Ergebnisse stellt. Die Beobachtungen in den Zwillingsregionen sind kein Bücher- oder Expertenwissen, sondern auf realen Vorkommen und Inventuren beruhende Erkenntnisse, die jederzeit in den Daten oder sogar vor Ort mit den eigenen Sinnen nachprüfbar sind. Es kommt demnach darauf an, das Studium der Inventurlisten der Vorkommen in den Zwillingsregionen an Ort und Stelle fortzusetzen, indem man noch genauer hinschaut. Das Besondere an diesem Verfahren ist, dass man nicht mit einer vorgefertigten subjektiven Liste von interessierenden Baumarten dem Problem des Klimawandels gegenübertritt, sondern über die Klimaentwicklung und deren Abbildung im geografischen Raum eine objektiv nachvollziehbare Auswahl von Baumarten trifft. Diese Auswahl weist die höchstmögliche Wahrscheinlichkeit des künftigen Überlebens auf. Man sucht ja schließlich die in einer gegebenen Klimazukunft überlebensfähigen Baumarten. Das Verfahren ist weitgehend objektiv und kaum von persönlichen Vorlieben oder Einschätzungen abhängig.

Mit diesem Vorgehen vermeiden wir es auch, in die Fallgrube der »anekdotischen Evidenz« zu geraten. Unter anekdotischer Evidenz versteht man den Schluss aus einer einzelnen oder wenigen isolierten Wahrnehmungen auf einen naturgesetzlichen Zusammenhang. Die Laien- und Fachwelt ist voll von Einzelbeobachtungen irgendwelcher Baumarten, die unter irgendwelchen und häufig nicht offengelegten und nicht nachvollziehbaren Bedingungen als vital geschildert werden. Dann heißt es zum Beispiel: »In Italien habe ich in einem Garten eine wunderbare hohe und starke Fichte gesehen. Deshalb traue ich der Fichte im Klimawandel viel zu.« Die anekdotischen Erkenntnisse über einzelne Baumartenvorkommen sind so lange völlig wertlos, solange sie nicht in einen größeren Zusammenhang gestellt werden können, wiederholt werden und damit auf naturgesetzliche Zusammenhänge hinweisen. Erst die mehrfache Wiederholung unter sonst gleichen Bedingungen verschafft uns die Sicherheit, nicht von einem Zufall oder Sonderfall getäuscht und zu Fehlschlüssen verleitet worden zu sein. Wenn Einzelfälle geschildert werden, ist das zwar, wie das bei Anekdoten allgemein so ist, unterhaltsam. Für den Erzähler selbst erscheinen die Beweise schlagend. Wissenschaftlichen Ertrag und echte Evidenz ergeben jedoch nur wiederholte, objektive und unter kontrollierten Bedingungen gemachte Beobachtungen. Nur aus diesen lässt sich ein solides Handlungswissen ableiten. Eine gute Eigenschaft haben isolierte, anekdotische Erfahrungsberichte aber doch. Sie geben Anregungen für weitergehende systematische Untersuchungen. Die Beobachtung einer einzelnen Fichte im Garten einer norditalienischen Villa kann den Anlass geben, dort nach weiteren Vorkommen zu suchen und diese in einen klimatischen Kontext zu stellen. Sofern die Anekdote zur Studie führt, hat sie als Anfangsverdacht durchaus ihre Berechtigung. Vielleicht haben aber auch eine verborgene Wasserader oder das Wirken eines unbekannten Gärtners das seltsame Vorkommen ermöglicht. Dann wäre die scheinbar interessante Beobachtung für unseren Zweck, der stets normale Verhältnisse voraussetzt, wertlos. Aus einem Einzel- und Sonderfall kann man keine allgemeinen Schlüsse ziehen.

Das Wichtigste in Kürze

Zwillingsregionen werden allein auf der Basis wichtiger Klimagrößen berechnet. Hinsichtlich des Klimas bilden die Zwillingsregionen die Zukunft ab, in allen anderen Größen, wie z. B. den Bodenverhältnissen, besteht nicht zwangsläufig die gleiche Ähnlichkeit. Daher muss man die Ergebnisse aus den Zwillingsregionen mit großem Sachverstand interpretieren oder weitere Untersuchungen in den Zwillingsregionen anschließen.

10 Natürliche Anpassung: Warum passt sich der Wald nicht von selbst an?

Ändern sich die Verhältnisse zum Schlechten, gibt es nur drei Möglichkeiten, darauf zu reagieren. Man stelle sich Angestellte in einem Unternehmen vor, das vor großen inneren Umwälzungen steht. Diese geraten zunehmend unter Druck, denn ihre Fähigkeiten, die früher ihre guten Positionen in der Firma ermöglicht und gefestigt haben, sind nach der Umstrukturierung viel weniger gefragt. Die drei Möglichkeiten zur Reaktion auf diese schwierige Situation sind folgende. Die schlechteste Möglichkeit ist, sich querzustellen, auf stur zu schalten und schlicht die Kündigung durch das Unternehmen abzuwarten. Eine bessere Möglichkeit ist es, sich rasch nach einem neuen Arbeitsplatz umzusehen, Bewerbungen zu schreiben, das Unternehmen möglichst rasch zu verlassen und anderswo unter besseren Bedingungen neu zu beginnen. Ein alternativer dritter Weg besteht darin, am alten Arbeitsplatz zu bleiben, neue Fähigkeiten zu erlernen oder verborgene Potenziale abzurufen. Damit würde man sich, ohne die Stelle zu verlassen, gezielt an die neue Situation anpassen. Zusammengefasst lauten die drei Reaktionsmöglichkeiten: Stirb, gehe oder passe dich an. Im folgenden Abschnitt soll es um diese letzte Alternative gehen, die auf den ersten Blick viel attraktiver als die anderen beiden Alternativen erscheint.

Durch ihre Gene sind Baumarten auf bestimmte Eigenschaften festgelegt. Es gibt so viele verschiedene Baumarten, weil sich im Laufe der Evolution deren verschiedene Eigenschaften als optimal angepasst an die vielfältigen herrschenden Bedingungen herausgestellt haben. Die unter den besonderen Bedingungen vor Ort erfolgreichen Eigenschaften wurden bevorzugt vererbt und an die Nachkommenschaft weitergegeben. Erfolgsmodelle setzten sich durch, Misserfolge verschwanden. Warum es so viele Baumarten gibt und nicht ein Standardmodell für alle Fälle, liegt einfach daran, dass die Bedingungen, unter denen Bäume existieren müssen, so verschieden sind. Die ganze Evolution ist wie ein großes Training, das je nach Trainingsprogramm spezialisierte Sportler hervorbringt.

3 Vogelkirsche

Die Vogelkirsche hat ihren Namen von den Hauptkonsumenten ihrer Früchte. Die Verbreitung über Vögel, die die unverdauten Kerne an allen möglichen Orten in der Umgebung wieder ausscheiden, erlaubt der Vogelkirsche eine sehr effektive Art der natürlichen Vermehrung. Wenn sie einmal im Wald etabliert ist, kann man mit reicher Nachkommenschaft rechnen.

Die Vogelkirsche ist die Wildform der zur Fruchtgewinnung angebauten und weitergezüchteten Obstkirschen. Im Wald muss man sehr darauf achten, das richtige Pflanzmaterial zu erhalten, bei dem der Schwerpunkt auf der Holzerzeugung und nicht auf der Fruchtgewinnung liegt. Auch bei natürlicher Verjüngung muss man beobachten, ob die Bäume den Ansprüchen an die Holzerzeugung genügen. Qualitätvolles Kirschenholz ist ein sehr gesuchtes Produkt, das vor allem für Möbel verwendet wird.

Vogelkirschen gibt es in ganz Mitteleuropa und in den nördlichen Regionen Südeuropas. Nahezu alle Zwillingsregionen für Nürnberg beherbergen Vogelkirschen. Sowohl in Bezug auf die kühleren Tempe-

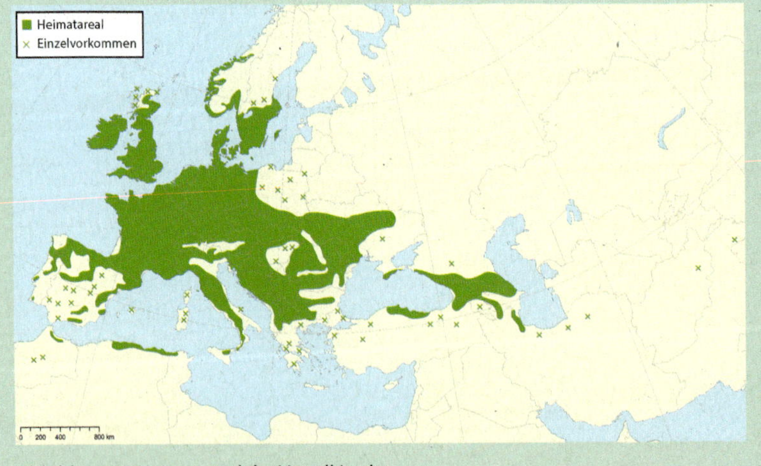

Abbildung 16: Heimatareal der Vogelkirsche

raturen der Gegenwart als auch angesichts von Wärme und Dürre in der Zukunft ist die Vogelkirsche eine erprobte Baumart.

Mit ihrem weißen Blütenkleid ist die Vogelkirsche eine Zierde der Landschaft und wichtig als Nahrung für Insekten. Das Wachstum der Vogelkirsche ist ungestüm, wenn nur genügend Licht vorhanden ist. Man ist daher gut beraten, wenn man die Kirschbäume auf genügend großen schattenfreien Flächen pflanzt und sie immer wieder von lästigen Konkurrenten in der Nachbarschaft befreit. Das Pflanzrad ermöglicht besonders gut die effektive Steuerung der Konkurrenz zugunsten der Vogelkirsche.

Abbildung 17: Früchte der Vogelkirsche

Die Spezialisierung durch Anpassung führt dazu, dass viele Arten nebeneinander existieren können und sich dabei wenig ins Gehege kommen. Ebenso wenig, wie man einen Gewichtheber auf die Marathonstrecke schickt, tut es einer Baumart wie der Fichte gut, wenn sie sich statt unter den kühlen Bedingungen des Nordens in mediterraner Wärme aufhalten muss. Umgekehrt erfröre eine mediterrane Edelkastanie, wenn sie der Fichte im kühlen Norden Gesellschaft leisten müsste. Jede Baumart hat im Lauf der Artenentstehung gewisse Eigenschaften erworben, andere verloren oder gar nicht erst ausgebildet. Der Grad an Klimaanpassung und -spezialisierung ist in den Genen verankert und kann nur in sehr großen Zeiträumen über einen viele Generationen umfassenden Zeitraum wieder verändert werden. Ein Baum kommt nicht so einfach aus seiner Haut heraus und kann nicht von heute auf morgen völlig neue Eigenschaften erwerben. Er ist vielmehr auf das, was ihm in vielen Generationszyklen genetisch antrainiert wurde, festgelegt.

Obwohl Bäume durch ihre Artzugehörigkeit und Gene eine gewisse Starrheit in ihren Eigenschaften aufweisen, können sie sich doch in einem begrenzten Umfang an eine neue Umwelt anpassen. Ein sehr wirksamer Anpassungsmechanismus an Wasserknappheit ist beispielsweise die Verringerung der Baumdimension. Bäume, die von Beginn an unter Wassermangel leiden, bekommen automatisch geringere Maße. Sie haben kleinere Kronen, niedrigere und dünnere Stämme. Damit benötigen sie weniger Wasser, und die Welt ist für sie, wenn auch auf niedrigem Niveau, wieder in Ordnung. So ist es von Vorteil, wenn diese Knappheit schon von Beginn an herrscht, damit der junge Baum seine Dimensionen anpassen kann. Fatal ist es, wenn ein Baum seine Jugend unter günstigen Verhältnissen verbringt, groß und stark wird und in schon vorgerücktem Alter schlagartig Knappheit erfährt. Einen so großen Organismus mit ausreichend Wasser zu versorgen ist dann kaum noch zu leisten. Es ist besser, gleich in die Knappheit hineingeboren zu werden und sich daran zu gewöhnen, als aus dem Überfluss plötzlich in den Mangel hineingeworfen zu werden. Häufig endet eine solche Überforderung in höherem Alter mit dem Baumtod durch Dürre, oder es sterben zumindest Baumteile, z. B. ganze Kronenbereiche, ab. Der so verkleinerte Baum ist dann vor weiteren Dürreereignissen besser geschützt, allerdings um den Preis einer insgesamt sparsameren Existenz und geringerer Größe. Deshalb gibt es eine gute Botschaft für alle Baumindividuen, die erst unter den Wassermangelbedingungen des Klimawandels als Jungbäume ihre Karriere beginnen. Sie haben die Chance, sich unter Zwang bereits in der Jugend in ihren Ausmaßen so zu beschränken, dass das geringere Wasserangebot immer noch ausreicht. Während die alten und groß gewachsenen Bäume leiden, geht es den kleinen größenmäßig angepassten Nachkommen besser, weil sie von Jugend auf gelernt haben, mit wenig Wasser auszukommen. Diese Anpassungsleistung nennt man in der Wissenschaft »phänotypische Plastizität«. Am Erbgut, den Genen, ändert sich dabei nichts, nur bei den sicht- und messbaren Baumeigenschaften werden unter Anpassungsdruck nützliche Abweichungen vom ursprünglichen Bauplan vorgenommen. Verborgene Potenziale kommen zum Vorschein und werden abgerufen. Neben der Baumgröße könnten das auch Eigenschaften an der Oberfläche der Blätter oder der Rinde sein. Im Rahmen seiner genetischen Fixierung hat der Baum zusätzlich verschiedene weitere Möglichkeiten, sich das Leben dadurch zu erleichtern, dass er seine äußere Gestalt verändert.

Kann ein Baum sich auf die genannte Weise an alles, was an Veränderungen kommt, anpassen? Keinesfalls, denn sonst gäbe es ja nicht die gut abgegrenzten klimatischen Grenzen, in denen eine Baumart vorkommt. Außerhalb ihrer Verbreitungsgebiete können Baumarten nur dann existieren, wenn sie besondere menschliche Hilfe bekommen. Ihre begrenzte, nicht beliebig dehnbare Anpassungsfähigkeit verhindert, dass sich Baumarten nach überallhin ausbreiten. Auch jungen Bäumen kann man nicht alles zumuten, sondern es können die Grenzen der phänotypischen Plastizität schnell erreicht sein. Dann ist auch dieser Mechanismus in seiner Wirkung irgendwann erschöpft. Auch wenn alle Register der Anpassung gezogen werden, gibt es doch Bedingungen, unter denen gar nichts mehr geht. Mit den Beobachtungen über Existenz und Nichtexistenz in den Zwillingsregionen berücksichtigen wir alle möglichen Formen der Anpassung gleich mit, denn wenn diese Anpassungsmechanismen es nicht schafften, überlebensfähige Vorkommen hervorzubringen, dann waren sie insgesamt eben zu schwach, nicht erfolgreich genug und werden auch im Klimawandel versagen.

Für die sogenannte epigenetische Anpassung gilt eine ähnliche Einschränkung. Was hat es mit der Epigenetik auf sich? Bei dieser besonderen Form der Anpassung reagiert nicht der einzelne Baum selbst auf einen Umweltreiz, sondern eine besonders vorteilhafte Eigenschaft wird von der Mutter über den Samen auf die Nachkommen übertragen, damit diese unter neuen Bedingungen einen Vorteil haben. Gerät ein Mutterbaum im Jahr der Samenbildung unter ernsten Trockenstress, dann gibt er den im Samen enthaltenen Genen eine Zusatzinformation mit, die darin besteht, gewisse Gene an- und andere abzuschalten. So könnten Gene, die für einen sparsameren Umgang mit Wasser verantwortlich sind, angeschaltet werden, sodass die Nachkommenschaft von den Dürreerfahrungen des Mutterbaums profitiert. Die Nachkommen sind über diese von der Mutter erworbene und weitergegebene Zusatzinformation besser für die nun geänderten Verhältnisse gerüstet. Es ist jedoch klar, dass nur solche Gene an- und abgeschaltet werden können, die vorher schon vorhanden waren. Was an genetischen Möglichkeiten fehlt, kann auch nicht durch epigenetische Vorgänge modifiziert werden. Auch hier gilt, dass es rote Linien der Anpassung gibt, die man leicht erahnen kann. Wenn eine Art alle Möglichkeiten der epigenetischen Anpassung ausprobiert hat und bei bestimmten Umweltbedingungen überhaupt nicht mehr vorkommt, dann ist wohl die Anpassungsfähigkeit komplett erschöpft. Das Überleben der vorhandenen Bäume und ihrer Nachkommen kann dann, wenn alle phänotypischen und epigenetischen Anpassungstricks ausgereizt sind, offensichtlich nicht mehr gesichert werden. Es mag ein faszinierender Gedanke sein, dass Bäume mit dem Klimawandel Schritt halten, indem sie spontan ihre Eigenschaften ändern und bei der Weitergabe der Gene noch den zusätzlichen Trick der epigenetischen Modifikation anwenden und damit die Nachkommenschaft aufrüsten. Dennoch darf man nicht die absoluten Grenzen der Anpassungsfähigkeiten übersehen (Abbildung 18). Trotz aller Kniffe werden die roten Linien des Vorkommens offensichtlich nicht überschritten, jedenfalls gibt es dazu keine Beobachtungen. Wenn es so einfach wäre, dass Bäume durch Lernen jeder Umweltveränderung immer

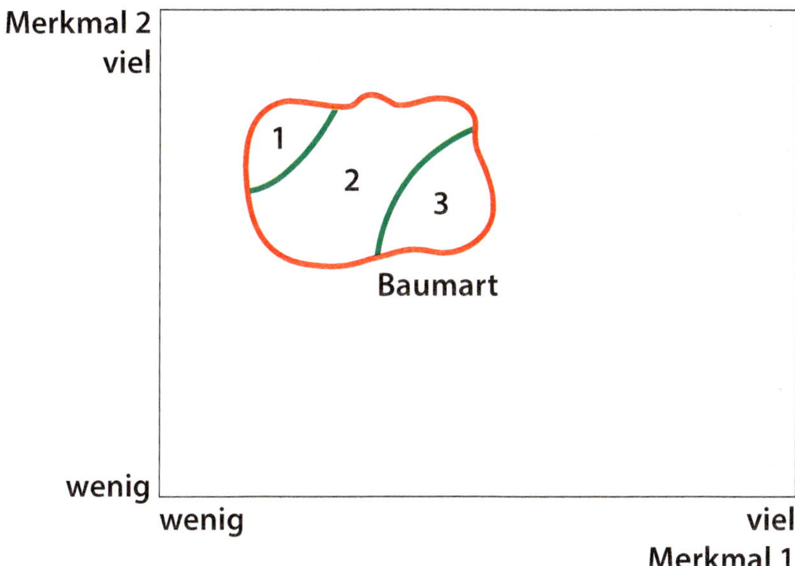

Abbildung 18: Begrenzung der Anpassungsfähigkeit auf den genetisch fixierten Möglichkeitsraum der Art. Kurzfristige Anpassungen durch phänotypische oder epigenetische Modifikationen sind nur innerhalb der natürlichen Außengrenzen der Baumart möglich. Die grünen Binnengrenzen zwischen den drei Populationen 1, 2 und 3 können durch schnelle Anpassungsvorgänge innerhalb der Grenzen der Art überwunden werden. Eine Anpassung über die rote Linie der Artgrenze hinaus benötigt sehr lange Zeiträume.

ein Schnippchen schlagen und sich damit fort und fort entlang neuer Herausforderungen weiterentwickeln könnten, dann hätte der Klimawandel seinen Schrecken für Bäume verloren. Wenn eine unendliche Anpassung funktionieren würde, gäbe es indessen auch keine charakteristischen Zonen des Vorkommens und Nichtvorkommens in der Kette der Zwillingsregionen. Die charakteristische Anordnung der Baumartenvorkommen, die dem Klima folgt und die aus den Grafiken in Abbildung 8 und Abbildung 9 abgelesen werden kann, beruht auf den Möglichkeiten der Art als Ganzes und ist ein schlagendes Argument gegen die Annahme einer unendlichen Anpassung.

Die Tatsache, dass die Baumarten sehr eng an das Klima angepasst sind, in dem sie sich über sehr viele Baumgenerationen entwickelt haben, wird zum Handicap bei einer sehr raschen Umweltveränderung, wie sie der

Klimawandel darstellt. Enge Anpassung heißt immer auch eine gewisse Starrheit im Veränderungspotenzial. Die Starrheit war so bisher, unter konstanten oder sich nur sehr langsam verändernden Umweltgrößen, ein Erfolgsrezept der Natur, vergleichbar der Spezialisierung im Berufsleben. Es wäre ja auch nicht im Sinne der Arterhaltung, sich überstürzt und unüberlegt an eine einmalige kurze Folge von Dürrejahren anzupassen, wenn danach wieder normale Jahre folgen. Einen einmal erworbenen Vorteil bei der nächstbesten Gelegenheit wieder einzutauschen ist keine besonders gute Strategie. Nur Starrheit verhindert voreilige Anpassungen in die falsche Richtung. Ein so rascher Klimawandel wie der, den wir gerade erleben, kam in der Naturgeschichte bisher, abgesehen von seltenen und vorübergehenden Abkühlungen nach Asteroideneinschlägen und Vulkanausbrüchen mit großräumigem Auslöschen von Arten, nicht vor. Daher haben die Baumarten auch keine Möglichkeit gehabt, die darauf passenden schnellen Reaktionsweisen zu entwickeln. Der Klimawandel trifft unsere Baumarten völlig unvorbereitet, untrainiert, mit einer angeborenen Starrheit in den Eigenschaften und dazu noch weitgehend immobil an. Das macht die besondere Brisanz des Geschehens aus.

Das Wichtigste in Kürze

Von Natur aus sind Bäume mit relativ starren Eigenschaften versehen, die durch ihre genetische Ausstattung vorgegeben sind. Ihre Anpassungsfähigkeit geht nicht so weit, dass sie sich jedem beliebigen Umweltreiz hinterherentwickeln könnten. Der neuartige Klimawandel trifft die Baumarten so unvorbereitet, dass sie sich nur in sehr beschränktem Maße reaktiv, im Nachhinein, darauf einrichten können, wenn sie die rote Linie zwischen Vorkommen und Nichtvorkommen noch nicht erreicht haben.

11 Waldkultur: Kunst trifft Natur

Zu den wichtigsten Kulturtechniken der Menschheit zählt das Bebauen des Feldes, das Säen und Pflanzen. Seit der Jungsteinzeit und der Erfindung des Ackerbaus gehören diese Kulturtätigkeiten zur Menschheit hinzu. Das Pflanzen eines Baums gilt immer schon als eine sympathische und mit viel Bedeutung aufgeladene Handlung. Sie steht nicht nur für eine lange Tradition, sondern auch für ein von Hoffnung geprägtes Handeln in die Zukunft. Wer Bäume pflanzt, tut immer etwas Gutes. Gewiss haben solche Überlegungen auch eine Rolle bei der Motivwahl für die erste Währung der jungen Bundesrepublik Deutschland gespielt. Das Bild einer Baumpflanzung sollte den Wiederaufbau Deutschlands nach dem Zweiten Weltkrieg und das Gestalten einer besseren Zukunft symbolisieren (Abbildung 19). Nun sind wir mit der Klimawandelanpassung wieder in einer Situation, wo vorausschauendes Handeln erforderlich ist und das überlegte Pflanzen von Bäumen nicht nur symbolisch, sondern tatsächlich den Weg aus einer Krise darstellt.

Abbildung 19: Eine Waldarbeiterin, auch »Kulturfrau« genannt, pflanzt eine junge Eiche. Motiv auf dem Fünfzigpfennigstück, das von 1949 bis 2001 gültige Währung war.

Wenn im Wald Bäume gepflanzt werden, dann benennen Forstleute das Ergebnis mit dem schönen Fachwort »Kultur«. Der Begriff »Forstkultur« meint demnach nicht einen besonders hochstehenden und kultivierten Umgang mit Wald, sondern schlicht und einfach eine fachgerecht bepflanzte Waldfläche. Im Wort »Kultur« liegt bei der Verwendung im Wald der ursprüngliche lateinische Wortsinn dieses Fremdworts zugrunde, der das Bebauen von Land und die Pflege des Ackerbodens meint. Erst später hat man den Begriff auf besonders entwickelte Formen anderer menschlicher Aktivitäten ausgedehnt. Die Kulturtätigkeit im Wald hat eine sehr lange Tradition. Seit der Erfindung der Forstwirtschaft, für die die Quellen den 9. April 1368 angeben, werden Wälder durch Kulturen, sei es aus Saat oder Pflanzung, begründet. Am genannten Termin, es war in der Osterzeit, ließ der Nürnberger Ratsherr Peter Stromer vor den Toren der Stadt erstmals Nadelbaumsamen aussäen und sorgte damit dafür, dass auch in den stark genutzten Wäldern rund um die holzhungrige aufstrebende Reichsstadt genügend Holz nachwachsen konnte. Bis in unsere Zeit hinein wird die damals erfundene Methode, den Wald künstlich zunächst durch Saat und später durch Pflanzung zu verjüngen, weltweit praktiziert. Bäume zu pflanzen oder zu säen ist eine Kulturtat ersten Ranges. Sie setzt Wissen und Können voraus und ist daher eine Kunst. Kunst und Kultur gehören zum Wald. Die meisten Menschen empfinden Wald generell als sehr naturnah und nehmen nur die Holzernte als künstlich und sogar als Störung der Natur wahr. Sie wissen nicht, dass die allermeisten unserer Wälder durch waldbauliche Kunst entstanden sind und der Pflege bedürfen.

Zur künstlichen Waldbegründung gibt es, Sie ahnen es bereits, den Gegenbegriff der natürlichen Waldverjüngung. Der kulturellen Methode der Kunstverjüngung steht das natürliche Verfahren der spontanen Verjüngung gegenüber. Wir hatten das Prinzip der Naturverjüngung bereits bei der Wanderung der Baumarten erklärt. Die Bäume verstreuen ihre Samen mit der Schwerkraft über die allernächste Umgebung, oder sie lassen den Transport durch Wind und Tiere erledigen. Auch wenn seit dem Mittelalter bei vielen Wäldern mit Kunst und Kultur nachgeholfen wurde, blieb die natürliche Methode bis auf den heutigen Tag erhalten. Sie ist dann das Mittel der Wahl, wenn man sich darauf beschränkt, den vorhandenen Wald mehr oder weniger exakt zu vervielfältigen. Man kann sich vorstellen, dass ein durch Naturverjüngung entstandener Wald hauptsächlich nur diejenigen Baumarten enthält, die als alte Mutterbäume mehr oder weniger weit entfernt schon in der Umgebung stehen. Ein Wechsel der Baumart sowie die Anreicherung mit bisher in der Umgebung nicht vorhandenen Baumarten sind auf natürlichem Weg nahezu unmöglich. Wir haben bereits von den unüberwindlichen Schwierigkeiten der natürlichen Wanderung von Baumarten gelesen.

Für die Begründung junger Wälder mit neuen, am Standort bislang nicht vorhandenen Baumarten ist das Verfahren der Naturverjüngung somit leider ungeeignet. Solche Vorkommen neuer, bisher in der Umgebung nicht vorhandener Baumarten sind daher immer künstlich begründet, meistens gepflanzt. Nur durch Saat und Pflanzung hat man in der über 600-jährigen Geschichte der Forstwirtschaft die gefürchteten Monokulturen aus wenigen, am Standort ursprünglich gar nicht vorhandenen Baumarten schaffen können. Aus dieser Vergangenheit und den erzeugten Waldbildern heraus ist es verständlich, dass die künstliche Waldverjüngung durch Pflanzung und Saat keinen unumstritten guten Ruf in der Öffentlichkeit und in großen Teilen der Fachwelt genießt. Zu eng ist die künstliche Waldverjüngung mit den Begriffen »Plantage« und »Monokultur« verwoben, als dass nicht etwas vom negativen Image jener Begriffe auf diese Methode übergegangen wäre. Wer heute Bäume künstlich sät oder pflanzt, wird schnell verdächtigt, sich bereits auf dem Weg zur Baumplantage, zum Kunstforst und zur Monokultur zu befinden.

Nun stammen sehr viele unserer älteren Waldbestände aus früherer Kunstverjüngung. Sie sind oftmals Monokulturen oder lediglich aus wenigen Baumarten aufgebaut. Im günstigsten Fall sind es Baumarten aus der Tabellenmitte, oft genug gehören sie aber zu Gruppe der Absteiger wie Fichten und Kiefern, die in Deutschland immer noch die mit Abstand häufigsten Baumarten sind. Es leuchtet ein, dass man bei diesen wenig zukunftsfähigen Baumarten mit Naturverjüngung in großem Stil nicht weiterkommt. Man würde damit der nächsten Generation eine gewaltige Hypothek hinterlassen.

Letztlich bleibt hier als waldbauliches Mittel der Wahl nur ein Baumartenwandel durch Kunstverjüngung. Diese Kulturtat selbst produziert jedoch nicht zwangsläufig in Reih und Glied stehende unnatürliche und hässliche Kunstprodukte, man kann mit Forstkulturen auch ansprechendere Waldformen schaffen. Eine gute und erfolgreiche Technik kann nicht nur schlechte, sondern auch schöne Waldbilder hervorbringen.

4 Elsbeere

Die Elsbeere sucht die Wärme und meidet die Kälte. In Mitteleuropa kommt sie nur in den südlicheren Regionen vor. Dafür ist sie besonders gut an die moderate Wärme im nördlichen Südeuropa angepasst. Viele der Zwillingsregionen für Nürnberg enthalten Elsbeeren. Die Elsbeere ist eine typische Mischbaumart und kommt niemals in reinen Beständen vor. Daher ist es sinnvoll, sie in Nachbarschaft zu Vertretern anderer Baumarten zu erziehen, wie das im Pflanzrad der Fall ist.

Die Elsbeere hat kleine apfelartige Früchte und zählt zum Kernobst. Die Früchte werden von Vögeln verzehrt, die die Kerne verbreiten und für die Naturverjüngung sorgen. Daneben beherrscht diese Baumart noch die Technik der Wurzelbrut. Aus den Wurzeln ältere Bäume sprießen Triebe, die sich später zu eigenständigen Jungbäumen entwickeln können. Wegen ihrer guten Zukunftsprognose, aber auch wegen ihrer Anpassung an ein kühleres Gegenwartsklima ist die Elsbeere eine gute Wahl bei der Klimawandelanpassung.

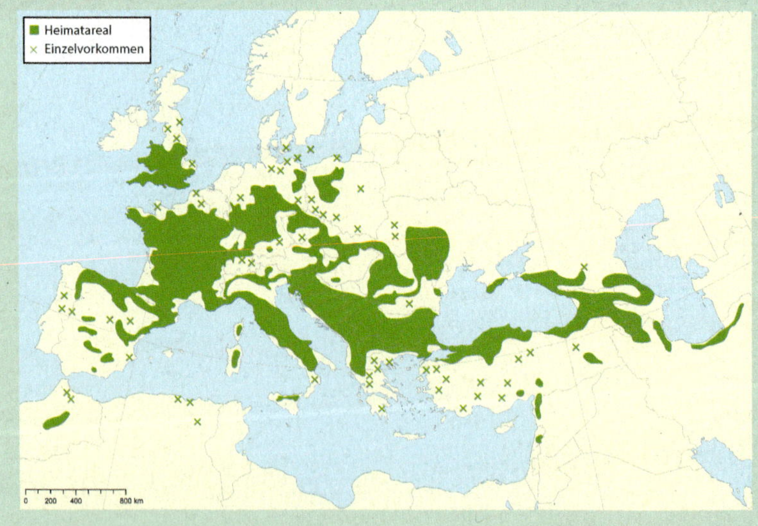

Abbildung 20: Heimatareal der Elsbeere

Elsbeerenholz ist sehr wertvoll und für eine Reihe von speziellen Verwendungen geeignet. Junge Elsbeeren ertragen einigen Schatten, aber ältere Bäume entwickeln sich nur dann zu starken Stämmen, wenn ihre Krone genügend Licht erhält. Wie alle Lichtbaumarten vertragen Elsbeeren keine große Konkurrenz durch Nachbarbäume und müssen in regelmäßigen Abständen gepflegt werden.

Abbildung 21: Stattliche Elsbeere im mittelfränkischen Herpersdorf.

Im Zusammenhang mit der natürlichen Wanderung des Waldes haben wir schon auf die Schwierigkeiten hingewiesen, mit Naturverjüngung größere Strecken in einem ausreichenden Tempo zu überwinden. Alles, was die Waldnatur von sich aus an jungen Pflanzen produziert, kann daher zwangsläufig nur so risikoarm und vielfältig sein, wie es die Altbäume der Umgebung zulassen. Nun kommt es darauf an, die von der Natur bereitgestellte Baumartengarnitur so weit zu ergänzen und anzureichern, bis das Ziel eines risikoarmen und vielfältigen Zukunftswalds erreicht ist. An Pflanzung oder Saat führt daher bei den Verfahren der unterstützten Wanderung und bedachten Anreicherung kein Weg vorbei. Nur wenn ein Altbestand schon mit allen gewünschten und erforderlichen Baumarten ausgestattet ist, kann man auf Saat und Pflanzung verzichten und die gesamte Verjüngung auf Naturverjüngung aufbauen. Es ist daher in den meisten Waldgebieten unerlässlich, sich bei der Klimawandelanpassung mit der Pflanzung zu beschäftigen und sich auf dieses Verfahren einzulassen. Die Saat als die ältere Methode der Kunstverjüngung wird heute nur wenig angewandt. Man hat sich in den meisten Fällen dazu entschieden, die Baumsamen nach der Ernte nicht direkt im Wald auszusäen. Man wählt stattdessen den Umweg über eine Baumschule, um unter kontrollierten guten Bedingungen die Potenziale des Saatguts optimal auszunutzen. Durch die in die Baumschule verlegte Aussaat und die nachfolgende Anzucht bis zur lieferbereiten Forstpflanze umgeht man die zahlreichen Gefahren, der ein Baumsamen und der daraus hervorgehende Sämling in der freien Wildbahn sonst ausgesetzt wäre. Unter den beschützten Bedingungen der Baumschule sind die Verluste geringer, und es gelingt eine hohe Ausbeute an vitalen Pflanzen. Zu einer entwickelten Forstkultur gehört die Baumschule.

Auch wenn für die meisten Zukunftswälder eine Pflanzung notwendig ist, so bedeutet das noch lange keine Plantage und den kompletten Verzicht auf Naturverjüngung. Wie so häufig liegt die Lösung des Problems, das man bekommt, wenn man konkurrierende Verfahren vorfindet, in der Kombination beider Methoden: Das eine tun und das andere nicht lassen, so lautet die Devise. In der Klimawandelanpassung kommt es darauf an, die Vorteile der Naturverjüngung mit den Vorteilen der Pflanzung geschickt zu verbinden. Die Vorteile der Pflanzung wurden oben schon erwähnt. Nachteile sind die hohen Kosten, die Schwierigkeiten beim Transport, bei der Pflanzung und beim Anwachsen. Je größer die Pflanze in der Baumschule gewachsen ist, desto schwieriger ist das Anwachsen auf der wilden Kulturfläche, und es ist besondere Sorgfalt beim Pflanzvorgang erforderlich. Die Vorteile der Naturverjüngung sind gleichermaßen bestechend. Sie ist nahezu kostenlos, und die Pflanzen wachsen gleich an Ort und Stelle an, ohne den bei der Pflanzung fast unvermeidlichen Pflanzschock. Ihr großer und in der Klimawandelanpassung entscheidender

Nachteil ist oft die damit verbundene begrenzte Auswahl an Baumarten, die nur die am Ort vorhandenen Arten einschließt.

Bei der Anreicherungskultur nutzt man Pflanzung und Naturverjüngung gleichermaßen in von Fall zu Fall verschiedenen Anteilen. Ein Teil der Fläche wird bepflanzt, ein anderer Teil der Naturverjüngung überlassen. Damit schafft man nicht nur eine zusätzliche Methodenvielfalt, sondern kann die Vorteile gebietsfremder, aber klimaheimischer Baumarten mit den Vorteilen gebietsheimischer, aber künftig klimafremder Baumarten verbinden. Gleichzeitig koppelt man ein kostenintensives Verfahren mit einem kostengünstigen und drückt so die Gesamtkosten. Pflanzung und Naturverjüngung sollte man daher nicht als konkurrierende, sondern als komplementäre Verfahren begreifen.

Das Wichtigste in Kürze

In der Forstwirtschaft haben sowohl die künstliche als auch die natürliche Waldverjüngung eine lange Tradition. Beide Verfahren weisen Vor- und Nachteile auf. Ohne künstliche Waldverjüngung durch Pflanzung ist allerdings die unterstützte Wanderung nicht zu realisieren. Deshalb kommt es darauf an, die beiden alten Techniken in der Anreicherungskultur elegant zu verbinden.

12 Anreicherungskultur: Sparsamkeit trifft Vielfalt

Viele gute Ideen der Menschheitsgeschichte sind deshalb gescheitert, weil man im Konzept stecken geblieben ist und die vielfältigen Schwierigkeiten bei der Ausführung nicht ausreichend bedacht hat. Demnach reicht es nicht, die richtigen Baumarten zur Klimawandelanpassung zu identifizieren, die unterstützte Wanderung zu propagieren und planlos mit Pflanzungen zu beginnen. Es ist nicht nur entscheidend, dass etwas Neues gepflanzt wird, sondern es kommt auch auf die Art und Weise an, in der das geschieht. »Irgendwie pflanzen« ist in diesem Fall zu unbestimmt, und sich darauf zu verlassen, dass derjenige, der den Auftrag hat, schon weiß, was er tut, reicht auch nicht. Wenn man ein großes Projekt beginnt, wie es die Klimawandelanpassung im Wald darstellt, und wenn man nur wenig Zeit und Ressourcen zur Verfügung hat, dann ist es umso wichtiger, dass man sich vorher Gedanken macht, wie alles realisiert werden kann. Als Laie könnte man versucht sein, ab diesem Punkt die etwas mühsamere Lektüre abzubrechen und alles Weitere den Fachleuten zu überlassen. Ich möchte Ihnen raten, gerade jetzt nicht auszusteigen, sondern sich ein wenig in die Niederungen des Waldbaus, der gestaltenden Waldbehandlung hinabzubegeben. Schließlich bestimmen Art und Weise, wie die neuen Baumarten im Wald ankommen, auch das spätere Bild des Zukunftswalds. Wie bei vielen anderen Themen auch erleichtert das Verständnis der Herstellungstechnik den Umgang mit den Produkten. Vielleicht kommen Sie sogar einmal in den Genuss, an einer der vielen Baumpflanzaktionen teilzunehmen. Dann haben Sie nach Lektüre der folgenden drei Kapitel eine Chance, die richtigen Fragen zu stellen und die Zukunftsaussichten Ihrer persönlichen Pflanzung besser abzuschätzen. Wenn Ihnen das alles zu mühsam oder zu weit weg ist, dann überspringen Sie einfach die nächsten drei Kapitel und steigen bei der Nummer 15 wieder ein.

Das Wesen der Anreicherungskultur besteht in der Kombination von kleinflächigen Pflanzungen mit großflächiger Naturverjüngung. Welche geringen Dimensionen die Pflanzungen aufweisen können, geht aus Abbildung 22 und Abbildung 23 hervor. Es kommt bei der Anreicherungskultur nicht darauf an, möglichst viel Fläche zu bepflanzen, sondern erstmalig den Wald wirksam und sparsam mit neuen Baumarten aus den Zwillingsregionen auszustatten. Hohe Pflanzenzahlen sind dabei nicht die erfolgsbestimmende Größe, sondern es kommt darauf an, die Baumartenvielfalt durch eine geringe, aber gut verteilte Anzahl an relativ kleinen Erneuerungszellen zu erhöhen. Wie groß soll man diese Erneuerungszellen für den Zukunftswald machen? In früheren Zeiten hätte man wenige große Einheiten bevorzugt, um die Arbeiten zu rationalisieren und um die Kulturen überhaupt wiederzufinden. Bei der Wahl der optimalen Größe greift man wiederum zu einem Trick des Perspektivwechsels. Dieser besteht darin, den Zeitstrahl umzukehren und das Wachstum rückwärts zu betrachten, aus der Perspektive des ausgewachsenen Baums. Möchte man nach hundert Jahren einen großkronigen, vitalen und erntefähigen Baum haben, so muss man auf der Fläche, die genau dieser eine gewünschte Baum dann einnimmt, in der Kultur mindestens einen Jungbaum pflanzen. Die erforderliche Fläche für das Wachstum eines späteren Zukunftsbaums hängt von dessen Dimensionen im Alter ab. Die Krone eines älteren, vielleicht hundert Jahre alten Laubbaums hat einen Platzbedarf, der einem Kreis von 10 bis 20 Meter Durchmesser entspricht. Eine gute Faustzahl sind 14 m Kronendurchmesser. Im Mittel muss daher bei der Kultur eine Fläche von etwa 14 mal 14 Metern, das ergibt 200 Quadratmeter, reserviert werden, damit der dort hineinwachsende Zukunftsbaum später genügend Platz hat.

Alle großen Bäume sind zu Beginn ihrer Karriere klein. Man könnte nun alles Überflüssige weglassen und auf der reservierten Fläche von 200 Quadratmetern auch nur die Mindestzahl, nämlich eine einzige Pflanze, ins Rennen schicken. Tatsächlich aber fängt man in der Jugend mit einer vielfachen Zahl an Pflanzen an. In Forstplantagen arbeitet man mit dem Zehn- bis Hundertfachen. Man steigt so hoch ein, weil man am Anfang Reserven für Ausfälle benötigt, weil man mehr Auswahloptionen für die Zukunft haben möchte und weil sich die jungen Bäume gegenseitig bedrängen sollen, damit sie nicht wild in die Äste, sondern, wie von Holzverwendern wie Tischlern geschätzt, in den Stamm wachsen. Um

Geld und Arbeitszeit zu sparen, kann man sich gern auf weniger Pflanzen beschränken. Man nimmt damit einen höheren Astanteil im Stamm des Erntebaums in Kauf und geht mit weniger Optionen für besonders qualitätvolle Einzelexemplare ins Rennen. Wie man es auch macht und für welchen Faktor man sich entscheidet, am Ende reicht der Platz nur für einen Altbaum. Je weniger man zu Beginn pflanzt, desto weniger muss man später wieder abhacken oder -sägen.

In der Forstwirtschaft benennt man die winzigen, auf die Fläche eines späteren Altbaums beschränkten Pflanzungen mit dem militärischen Ausdruck »Trupp«. Möchte ich einen reinen Kiefernbestand mit einem Hektar Fläche (100 mal 100 m, das ergibt 10 000 Quadratmeter) so anreichern, dass dort nach hundert Jahren zusätzlich fünf stattliche Edelkastanien stehen, dann muss ich vom Kiefernbestand fünf Flächen zu 200 Quadratmetern, das macht 1000 Quadratmeter, aussparen und auf dieser für fünf Altbäume reservierten Fläche insgesamt 50 bis 500 Edelkastanien pflanzen. Wir pflanzen somit fünf Trupps zu jeweils 10 bis 100 Edelkastanien, um am Ende fünf große Edelkastanien zu haben. Für Laien ist diese gewaltige Reduktion der Stammzahl auf ein Zehntel bis ein Hundertstel schwer vorzustellen. Man kann sie jedoch mit gesundem Menschenverstand aus dem sehr unterschiedlichen Platzbedarf von jungen und kleinen Bäumen gegenüber dem Raumbedürfnis von alten und großen Bäumen ableiten. Das Denken rückwärts in der Zeit erleichtert dabei das Verständnis sehr, man muss die Dinge von ihrem Ende her betrachten. In der Praxis kommt es darauf an, nicht zu viele Pflanzen im Überfluss zu setzen, die ohnehin keine Überlebenschance haben, aber auch nicht zu wenige, damit ausreichend Optionen auf Auswahl oder qualitätvolle Astfreiheit entstehen. Die Pflanzenzahl innerhalb des Trupps ist ein wesentlicher Kostenfaktor. Mit dem verbreiteten Leitsatz »Viel hilft viel« kommt man bei Forstkulturen auch in Truppform nicht sehr weit, denn viel kostet auch viel!

Am Rechenbeispiel sieht man, wie sinnvoll es ist, eine Fläche mit Trupps anzureichern. Würde man die ganze Fläche von einem Hektar gleichmäßig nach Plantagenart mit Edelkastanien zustellen, so wären dafür je nach Pflanzdichte 500 bis 5000 Pflanzen notwendig. Abgesehen davon, dass es nicht sinnvoll ist, eine Monokultur durch eine andere zu ersetzen, wird auch die um den Faktor 10 höhere Kostenbelastung deutlich. Das Geld, das durch den Verzicht auf diesen teuren Plan gespart wird, kann man gut an anderer Stelle investieren. So kann man dann nicht nur einen Hektar Kiefernwald mit klimatauglichen Baumarten anreichern, sondern zehn.

Ein wichtiger Vorteil des kleinflächigen Vorgehens in Truppgröße wurde noch nicht erwähnt. Indem wir unser Handeln in kleine Portionen zerlegen, machen wir es robuster gegen die Einflüsse von Irrtümern, von späteren Entwicklungen und neuen Erkenntnissen. Wenn im Laufe der Anpassungszeit neue Beweise auftauchen und damit Neubewertungen notwendig werden, dann gehen solche Kursänderungen und Korrekturen umso leichter, je kleiner die Einheiten sind, mit denen man arbeitet. Man sollte vermeiden, sich später möglicherweise als fehlerhaft erweisende Entscheidungen unnötig häufig zu vervielfältigen. Vielmehr sollte man sich möglichst viele Möglichkeiten der nachträglichen Anpassung an neue Situationen und neues Wissen offenhalten. Dies ist der Vorteil eines adaptiven, flexiblen Managements, das sich laufend anpassen kann. Kleiner ist nicht nur billiger und schöner, sondern auch anpassungsfähiger und damit sicherer als die ganz große Lösung. Das Arbeiten in Trupps folgt dem Slogan »Vorsprung durch Technik«.

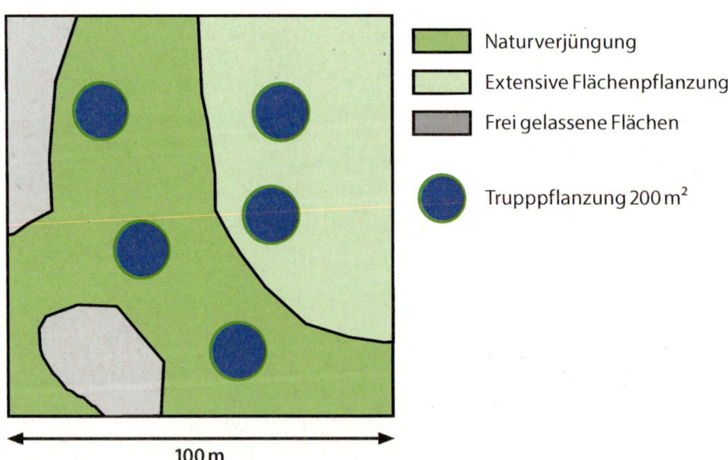

Abbildung 22: Prinzip der Anreicherungskultur mit den Elementen Naturverjüngung, extensive Bepflanzung, frei gelassene Flächen und Trupps

Abbildung 23: Anreicherungskultur mit Truppflanzung im Westerwald (Rheinland-Pfalz). Die Trupps sind bereits vor dem Schadereignis in Lücken des Altbestands gepflanzt worden und bilden nun ein wesentliches Element der neuen Waldgeneration, nachdem der Fichtenaltbestand komplett dem Borkenkäferfraß zum Opfer gefallen und bis auf ein paar Reste verschwunden ist. Nun kann sich die Zwischenfläche zwischen den Trupps mit allerlei Naturverjüngung füllen.

Das Wichtigste in Kürze

Weniger ist mehr, dieser Leitsatz gilt auch bei der Pflanzung von Bäumen. Die Sparsamkeit bei der Pflanzenzahl und ein Arbeiten in kleinen Portionen, den Trupps, erlauben ein flexibles Vorgehen und verringern die Folgen von Fehlentscheidungen.

13 Der gemischte Zukunftswald: Auf die richtige Raumnutzung kommt es an

Im Wald begegnet uns besonders viel Natur. Wir schätzen es daher nicht, wenn sich im Wald die Spuren menschlicher Aktivität in den Vordergrund drängen. Besonderes Missbehagen verursachen geometrische Figuren wie Pflanzreihen, die eher auf ein Reißbrett passen als in die freie Natur. Quadratisch ist zwar praktisch, aber im Wald nicht unbedingt gut. Eine bestimmte Ordnung muss sein, weil sich sonst keiner mehr auskennt und man dann nicht mehr überprüfen kann, ob alle teuren Investitionen in die Waldzukunft das halten, was man sich ursprünglich von ihnen versprochen hat. Die Bäume werden am besten nicht unbeaufsichtigt zum Überleben ins Chaos geschickt, sondern mit einer möglichst unsichtbaren Ordnung so platziert, dass sie das gesteckte Ziel des Überlebens über einen langen Zeitraum auch unfallfrei erreichen.

Vor über hundert Jahren, im Jahr 1886, veröffentlichte ein bekannter Fachautor, der Münchner Waldbauprofessor Karl Gayer, ein Buch mit dem Titel *Der gemischte Wald*. Seit dieser wegweisenden Schrift wird in der forstlichen Welt der Mischwald als Gegenbegriff zur Monokultur hochgeschätzt. Viele Fachleute in Forst und Forstwissenschaft, aber auch viele Laien sind bis heute von dem Gedanken fasziniert, den Wald nicht aus einer einzigen Baumart aufzubauen, sondern aus mehreren. Diese Vielfalt von Baumarten auf engstem Raum hat man zum einen Teil den wenig beeinflussten Ur- und Naturwäldern abgeschaut, diese abgewandelt und nachgeahmt. Zum anderen Teil sind sie Menschenwerk und ein Produkt besonderer Waldbaukunst. Mittlerweile ist man sich einig, dass gemischte Wälder so viele Vorteile aufweisen, dass Monokulturen und Baumplantagen nur noch wenig Zuspruch finden. Im Mischwald ist das Risiko eines Misserfolgs stark gedämpft. Wenn eine Baumart Schwierigkeiten bekommt, profitiert vielleicht eine andere von eingetretenen Umweltveränderungen. Außerdem beeinflussen sich die verschiedenen Baumarten im Mischwald gegenseitig häufig positiv. Zu einem gewissen Grad können

Mischbestände sogar ertragreicher sein als die Summe der ihnen entsprechenden Reinbestände. Der Raum und die in ihm verteilten Ressourcen werden im Mischwald optimal ausgenutzt. Ein gelungener Mischwald ist ein schönes Beispiel für ein erfolgreiches Team von Baumarten.

Bei der Anreicherungskultur kommen neue Baumarten zu den bestehenden hinzu. Das Ziel der Anreicherung ist die größere Anzahl von Baumarten. Der Wald wird durch neu hinzutretende Baumarten reicher und bunter. Je mehr Baumarten man in den Wald bringt, umso mehr muss man den knappen Raum unter den Baumarten aufteilen. Es ist keine gute Idee, alles wild durcheinanderzupflanzen und abzuwarten, welche Bäume sich in gegenseitiger Konkurrenz oder in Konkurrenz mit einer dicht aufkommenden Naturverjüngung durchsetzen. Im Jargon der Forstleute spricht man in diesem Fall zumeist abfällig von »Buntmischungen«. Im Chaos der Buntmischungen wachsen die Baumarten kreuz und quer durcheinander. Bei dieser »Technik« übersieht man den Zeitfaktor und bedenkt nicht den wachsenden Raumbedarf der Bäume. Wachsende Bäume benötigen zunehmend mehr Platz. Was zunächst mit kleinen Bäumen nett aussieht, entpuppt sich im Laufe der Zeit als Hypothek, wenn der bisher von fünf Bäumen beanspruchte Platz dann nur noch für einen einzigen reicht. Dann entscheiden entweder der Zufall oder der Waldbesitzende darüber, welcher Baum weiterwächst und welcher weichen muss. Die schöne Mischung der Jugend geht dann schnell verloren, vor allem dann, wenn bestimmte Baumarten sich vordrängeln und andere zurückbleiben. Gewinner solcher Drängeleien sind immer die schnell wachsenden Baumarten wie Ahorn und Esche, während langsamere Baumarten wie Eiche und Elsbeere zurückfallen und untergehen.

Um in der Jugend eine deutlich höhere Auswahl zu haben, erhöhen wir die Zahl der auf 200 Quadratmetern gepflanzten Individuen von einem auf acht. Damit kann man sich nach und nach unter acht Optionen die beste, die geradeste und astfreieste, aussuchen und hat das Auswahlbedürfnis befriedigt. Gleichzeitig bekommt man damit ein achtfach niedrigeres Risiko für Ausfälle in der Jugend. Später wird sich die Zahl der acht Optionen durch Schäden oder Entnahmen mit der Säge auf eine einzige verbleibende verringern. Weil das Gedränge der acht Bäume nicht ausreicht, um die Astbildung zu unterdrücken, fügen wir noch als Füllmaterial 25 schattenspendende Bäume einer anderen Art hinzu. Räumlich ordnet man zweckmäßigerweise die acht wichtigsten Bäume im Zentrum des Trupps und die Begleiter weiter außen an. Insgesamt 33 Pflanzen, davon acht Optionen auf den großen Endbaum und 25 Exemplare für das Füllmaterial, stehen nun auf einer Fläche von 200 Quadratmetern. 33 Pflanzen werden ins Rennen geschickt, damit ein großer Altbaum entsteht.

Wenn man alle eben geschilderten Bedingungen einhalten und 33 Forstpflanzen unter diesen Voraussetzungen auf einer auf 200 m^2 begrenzten Fläche anordnen will, dann ergibt sich fast zwangsläufig ein optimierter Pflanzplan, wie er in Abbildung 26 dargestellt ist. Der aufmerksame Betrachter wird feststellen, dass dabei alle zuvor genannten Einschränkungen und Wunschvorstellungen berücksichtigt sind. Zusätzlich wird man noch bemerken, dass die radialen Abstände der Pflanzen von innen nach außen stark zunehmen. Innen betragen die engsten Abstände nur einen Meter und steigen nach außen bis auf 2,25 Meter, auf über das Doppelte, an. Wo es nötig ist, stehen die Pflanzen eng, wo die Nähe nicht so wichtig ist, weit auseinander. Die Pflanzen sind in Form eines Rades auf dessen Speichen aufgereiht. Dabei erhöht sich der Abstand zwischen den Pflanzen auf jeder Speiche um einen bestimmten Faktor. In dem gezeigten Beispiel beträgt der Faktor 1,5. Die erste und engste Entfernung von einem Meter erhöht sich beim nächsten Abstand auf 1,50 Meter und beim übernächsten Abstand auf 2,25 Meter. Das klingt kompliziert, ist aber einfach hergestellt und beruht auf der Anforderung, innen mehr Qualität bringendes Gedränge zwischen den Bäumen hervorzurufen als weiter außen. Zusätzlich werden im Pflanzrad alle weiteren Anforderungen an Sparsamkeit, Auswahlmöglichkeit und Reservebildung erfüllt. Auch wenn es zunächst nicht so aussieht: Es gibt unter den gegebenen Einschränkungen kaum andere Möglichkeiten, 33 Pflanzen auf einer gegebenen Fläche zu verteilen. Probieren Sie es auf einem Blatt Papier aus! Aus der Ferne betrachtet, erinnert die Anordnung an ein Sonnensystem mit umlaufenden Wandelsternen oder an eine Stadt mit dichtem historischen Stadtkern und lockerem Speckgürtel aus Gewerbegebieten und Einkaufszentren weiter draußen.

5 Edelkastanie

Schon in der Antike hat man die Edelkastanie wegen ihrer vielfältigen Nutzungsmöglichkeiten außerhalb ihres angestammten natürlichen Areals in vielen Regionen Südeuropas angebaut. Zweitausend Jahre Anbauerfahrung in den warmen Regionen Europas, zu denen auch die Zwillingsregionen für Nürnberg gehören, sind ein guter Testlauf und dokumentieren auf eine evidente Weise die Eignung der Baumart für das Zukunftsklima. Edelkastanien sind durch ihre essbaren wohlschmeckenden Früchte und durch ihr Holz interessant. Bei der Pflanzung, aber auch bei der Naturverjüngung sollte man darauf achten, dass man Sorten erhält, die auf einen hohen Holzertrag hin optimiert sind und ihre Kraft nicht in den Früchten vergeuden.

Edelkastanien verjüngen sich sehr gut natürlich, Vögel und Säugetiere vertragen die Früchte in der näheren und weiteren Umgebung der fruchtenden Bäume. Bereits nach einem Dutzend Jahren zeigen sich an den Bäumen die ersten Früchte. Pflanzungen liefern daher schon nach kurzer Zeit die erste Dividende in Form von kostenlosen Nachkommen. Die Edelkastanie meidet Kalkböden und verträgt auch saure, nährstoffarme Böden, wie sie bei uns weit verbreitet sind.

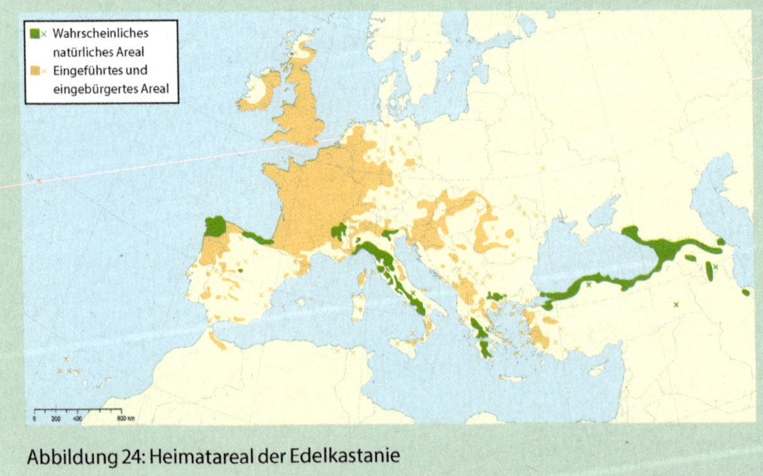

Abbildung 24: Heimatareal der Edelkastanie

Das Jugendwachstum der Edelkastanie ist ausgesprochen rasant, Jahrestriebe von über 50 cm sind keine Seltenheit. Die gepflanzten oder naturverjüngten Jungbäume entwachsen so rasch den Gefahren durch Wildverbiss oder Krautwuchs.

Mit ihren weißgelben männlichen Blütenkätzchen sind Edelkastanien eine Zierde der Landschaft und eine Attraktion für Insekten. Edelkastanien werfen einen tiefen Schatten und ertragen ihn auch zumindest in der Jugend selbst. Auf mehr Licht reagieren Edelkastanien aber wie alle anderen Baumarten auch mit gesteigertem Wachstum. Edelkastanien behalten ihre Äste lange, daher sollte man sie wie im Pflanzrad üblich mit anderen Baumarten umgeben, die das notwendige Training übernehmen und dafür sorgen, dass die Äste nicht zu stark werden und bald absterben. Edelkastanienholz besitzt eine Vielzahl von Verwendungsmöglichkeiten. Insbesondere im Außenbau hat es wegen seiner natürlichen Haltbarkeit große Vorteile.

Abbildung 25: Edelkastanie in der südfranzösischen Zwillingsregion zu Nürnberg

Das Pflanzrad folgt weitaus mehr als die plantagengerechte Anordnung in Reih und Glied dem Vorbild der Natur. Auch die Naturverjüngung kennt variable Abstände zwischen den Pflanzen, die unterschiedliche Dichten ergeben. Die Kreisform ist eine in der Natur häufig vorkommende Geometrie.

Pflanzrad nach Nelder

Die Anordnung von Pflanzen in Kreis- oder Radform hat der britische Statistiker John A. Nelder im Jahr 1962 erfunden. Er stand damals vor dem Problem, wie man Gemüsepflanzen in einem Beet so anordnet, dass man zu Versuchszwecken alle möglichen Pflanzenabstände auf der gleichen Fläche nebeneinander beobachten kann. Damit wollte man in Versuchen die jeweils optimale Pflanzendichte ermitteln. Stehen die Pflanzen zu eng, stören sie sich gegenseitig, sind sie zu weit voneinander entfernt, dann wird Produktionsfläche verschenkt, und es gibt auch keine positiven Nachbarschaftswirkungen mehr. Erst später hat man das nach dem Erfinder benannte Nelderrad für Bäume verwendet. Auch in der Forstwirtschaft stellt sich die Frage, wie weit man die Pflanzen setzen soll, damit sie sich nicht stören, sondern vielmehr gegenseitig fördern und die Fläche optimal ausnutzen. Erst in unseren Tagen, 2020, hat man das Pflanzrad aus den Sphären der land- und forstwirtschaftlichen Forschung in die Niederungen der praktischen Begründung von Forstkulturen überführt. Man macht sich auf diese Weise das Prinzip der variablen Pflanzenabstände zunutze und verknüpft es mit einer intensiven Mischung von zwei Baumarten auf engem Raum. Auch wenn das Verfahren theoretisch gut fundiert ist, kann es doch sehr leicht mit wenigen Hilfsmitteln in der Praxis verwendet werden.

Mit der Unterbringung im Pflanzrad haben wir bei uns vor Ort eine Art Landebasis oder Ankunftsbahnhof für die in den Zwillingsregionen trainierten, dort erprobten und zum Teil mit Unterstützung zu uns gewanderten Baumarten gefunden. Hier können die Neuankömmlinge andocken und, zum Teil fern der Heimat, ihre vom Klimawandel begleitete Karriere starten. Eine besondere Feinheit besteht darin, dass die 25 Exemplare der Begleiter, die in Abbildung 26 blau markiert sind, dem einheimischen Baumartenrepertoire entnommen sind und nur die Gruppe der acht roten Bäume, aus denen sich später der einzige Endbaum herausschält, auch aus der Ferne herangewandert sein können. Immer wenn das Weiterleben des zukünftigen Endbaums in Gefahr gerät und die Konkurrenz zu stark wird, wird mit scharfer Axt oder Säge die Zahl der Bäume reduziert, bis zum Schluss ein großer roter Baum im Zentrum und zusätzlich einige wenige blaue Bäume ganz am Rand übrig bleiben. Man sollte diese neuartige und vielen zu wenig praxistauglich erscheinende Form der Pflanzung nicht als überflüssige Spielerei abtun. Eine gewisse Ordnung ist vorteilhaft, damit die teuren und zum Teil weit hergeholten Pflanzen sich wohlfühlen und nicht den vielen im Laufe der kommenden Jahrzehnte drohenden Gefahren zum Opfer fallen. Insbesondere von konkurrierenden Bäumen geht eine große Gefahr für unsere zarte Importware aus den Zwillingsregionen aus. Genauso wichtig wie die Auswahl der Baumarten nach dem Prinzip der unterstützten Wanderung ist eine angepasste Technik der Einbringung in Form der Anreicherungskultur, am besten mit Pflanzrädern. Die bedachte Anreicherung in der entsprechenden Technik sichert den Erfolg der unterstützten Wanderung.

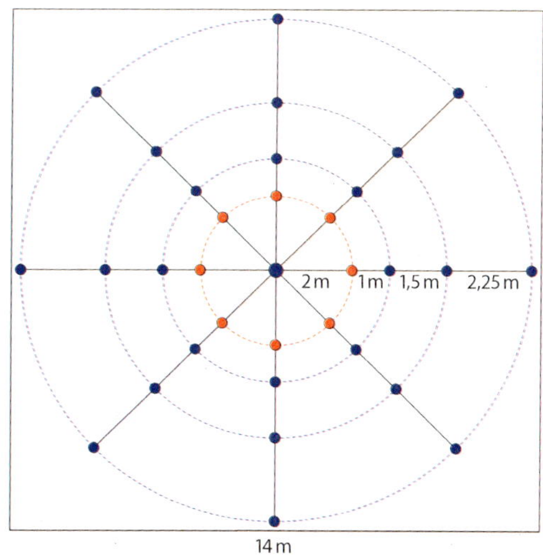

Abbildung 26: Zweckmäßige Anordnung von 33 Baumpflanzen auf einer Fläche von 200 Quadratmetern im Pflanzrad. Die acht Erntebäume sind rot markiert, die aus 25 Exemplaren einer anderen Baumart bestehende Begleitung ist blau dargestellt.

Jedes Pflanzrad ist aus zwei Baumarten, den roten und den blauen, gemischt. Durch den speziellen Aufbau mit lockeren Außen- und dichten Innenbereichen sind die Räder in sich selbstständige Einheiten und für ein Baukastenprinzip mit modularen Strukturen geeignet. Das nächste Rad kann entweder direkt anschließen oder beliebig weit entfernt sein. Bezüglich der Wahl der Baumarten kann man ohne Probleme zwischen den Rädern wechseln. Vorausgesetzt, man hat genügend geeignete Baumarten aus den Zwillingsregionen zur Verfügung, kann man in jedem neuen Rad die zwei hinzukommenden Baumarten unabhängig von der Nachbarschaft auswählen. Bei drei Rädern ist es möglich, mit maximal sechs Baumarten die Baumartenausstattung anzureichern. Auf diese Weise kann das Vorhaben, den gemischten Zukunftswald zu gestalten, auf sparsame, aber dennoch wirksame Weise und in geordneten Bahnen gelingen. Was wir so erzielen, sind durchdachte Vielfachmischungen, die mit den ungeliebten und verpönten Buntmischungen der Vergangenheit überhaupt nichts mehr zu tun haben.

Das Wichtigste in Kürze

Es ist ausgesprochen vorteilhaft, bei Anreicherungskulturen eine gewisse Ordnung einzuhalten. Das Schema des Pflanzrads erfüllt viele Anforderungen an eine gelungene artenreiche Pflanzung. Es optimiert das Kosten-Nutzen-Verhältnis und die Nutzung des Raums.

14 Aus Kindern werden Leute: Wachstum und Pflege im Pflanzrad

Das Schöne an Bäumen ist, dass sie nicht nur älter werden, sondern dabei auch immer weiter wachsen. Anders als bei uns Menschen kommt das Wachstum der Bäume niemals zum Erliegen. Zu diesem Wachstum muss man eigentlich nichts weiter tun. Man kann es mit einer sicheren Geldanlage vergleichen, die Jahr um Jahr Zinsen einbringt und, ehe man es sich versieht, zu einem ziemlichen Batzen Geldes angewachsen ist. Hoffentlich hat man die richtige Anlageform gewählt, und die Zinsen bleiben stabil! Das Bild vom sich stetig vermehrenden Kapital ist im Prinzip richtig gewählt. Im Wald kann man sich aber leider die Zeit nicht mit Abwarten und Zuschauen vertreiben. Es gibt zwischen Pflanzung und Ernte einiges zu tun, wenn man nicht einzelne wertvolle Akteure auf der Strecke verlieren oder zum Schluss lauter krumme und astige Bäume haben will. Ohne Aufsicht und lenkende Eingriffe mit Axt und Säge gibt es Wildwuchs, und am Ende steht nicht das da, was man beabsichtigt hat. Betrachtet man die Pflanzung als Investition, dann dient alles, was man an Pflege aufwendet, der Sicherung dieser Investition.

Sind die 33 jungen Baumpflanzen erfolgreich in den Boden gebracht worden und haben sie den Pflanzschock und alle Kinderkrankheiten überstanden, dann wachsen sie als jugendliches Pflanzrad hoffentlich stetig voran und dem neuen Klima entgegen. Sie nehmen an Höhe zu, aber auch an Kronenvolumen. Die Äste wachsen in die Seite, und nach einer gewissen Zeit entsteht zuerst im Zentrum des Rads ziemliches Gedränge. Dieses könnte, wenn man nicht eingreift, so groß werden, dass einzelne Bäumchen zurückfallen, den Anschluss verlieren und schließlich von sich aus absterben. In dieses Gedränge, forstfachlich »Dickung« genannt, kann und soll man frühzeitig, aber nicht zu früh aktiv eingreifen. Supervitale Bäume, die ohnehin schon einen großen Vorsprung haben, sollen von unten umfüttert bleiben, damit der Stamm sich von Ästen reinigt und astrein wird. Weniger vorwüchsige, aber hochvitale Bäume werden dadurch gefördert, dass man die stärksten Konkurrierenden entfernt oder zumindest einkürzt. Im Pflanzrad bedrängen sich im Lauf der Zeit zuerst vor allem die acht roten Bäume in Abbildung 26, die wir nach einem Begriff aus dem Fußballsport »Spielerbäume« oder einfach nur »Spieler« nennen wollen. Schon nach ein paar Jahren zeigt sich, ob der natürliche Vorsprung einzelner Spieler ausreicht, um deren volle Vitalität zu entfalten. Sofern diese Differenzierung nicht von selbst eintritt, muss mit Axt und Säge dafür gesorgt werden, dass aufbaufähige Spieler mehr Licht und Wasser abbekommen und in ihrer Vitalität nicht zurückfallen. Auf diese Weise kristallisieren sich in den ersten ungefähr zwanzig Jahren aus den ursprünglich acht Spielern wenige, vielleicht zwei, drei oder vier vielversprechende Exemplare heraus. Damit stellt man sicher, dass nur die vitalsten Bäume in die jeweils nächste Runde kommen und dabei noch vitaler werden können, als sie ohnehin schon sind.

Die acht Spieler im Pflanzrad sind von Beginn an noch von 25 Trainerbäumen oder kurz Trainern umstellt. Diese sind in Abbildung 26 blau markiert. Die Trainer dienen dazu, von der Seite her zusätzliches Gedränge und damit Seitenschatten zu erzeugen. So verhindern die 25 Trainer einen ungezügelten Breitenwuchs der acht Spieler. Das durch die Trainer verursachte zusätzliche Gedränge im Zentrum sorgt dafür, dass die Spieler hauptsächlich in die Höhe wachsen und dabei ihre tieferen Äste nur schwach ausprägen. Diese verlieren sie aus Lichtmangel bald. Ideal ist es, wenn die Spieler vorwiegend in die Höhe wachsen und immer einen guten Vorsprung vor den nacheilenden und mit ihren Ästen seitlich herandrängenden Trainern aufweisen. Werden die Trainer den Spielern zu gefährlich, dann werden sie entnommen oder, wie oben schon beschrieben, zurückgeschnitten. Die eigentliche Gefahrenzone steht von vornherein fest. Die größte Bedrängnis geht zunächst von den Trainern im zweiten Ring aus, wo der Abstand zu den Spielern im ersten Ring lediglich einen Meter beträgt. Ein Trainer soll ausschließlich trainieren, aber nicht die Herrschaft über die Spieler in seiner Nachbarschaft ausüben. Zum Glück steht, vom Spieler aus betrachtet, hinter jedem Trainer ein weiter entfernter Trainer, der in dem Moment das Training übernehmen kann, wenn der näher stehende Trainer weichen musste. Auf diese Weise werden nicht nur die acht Spieler nach und nach immer weiter dezimiert, sondern man verringert auch die Zahl der Trainer so lange, bis zum Schluss nur noch sehr wenige oder keine übrig geblieben sind.

Dieses Entfernen von unerwünschten Konkurrenten zugunsten der aussichtsreichen Überlebenden nennt man in der Forstwirtschaft »Pflege«. Dabei steht eindeutig die Vitalität der verbleibenden Bäume im Vordergrund, für die die Konkurrenten geopfert werden. Mit der Pflege steuert und beschleunigt man den ohnehin im Wald immer stattfindenden Wettbewerb um den immer knapper werdenden Raum zugunsten der jeweils vitalsten Individuen. In den ungewissen Zeiten des Klimawandels ist Vitalität die wichtigste Eigenschaft, die ein Baum haben kann. Überleben ist alles. Die Pflege nimmt vorweg, was früher oder später ohnehin von Natur aus durch Licht- und Wassermangel geschehen würde. Wenn wesentlich mehr Kandidaten als unbedingt notwendig auf das Spielfeld geführt werden würden, dann müssten auch viele wieder weichen. Mit seiner genial ausgeklügelten Raumverteilung und Sparsamkeit ermöglicht es das Pflanzrad, mit weniger Kandidaten anzutreten und damit auch weniger zu verlieren. Von Anfang an ist aber auch hier klar, dass nur ein paar der gepflanzten Jungbäume die Endrunde erreichen werden, so sind nun mal die Notwendigkeiten des begrenzten Raums. Gegenüber dem freien Walten der Naturkräfte, bei dem genauso eine Auslese stattfindet, hat dieses eingreifende Verfahren den Vorteil, dass die Pflegenden, das sind die Waldbesitzenden oder die Forstleute, mitbestimmen, wer in die Endrunde kommt und zum Schluss übrig bleibt. Es ist zum Schluss ein Teamsieg, denn alle zusammen, Spieler wie Trainer, haben zum Erfolg des starken, vitalen und qualitätvollen Endbaums beigetragen, auch wenn sie am Ende nicht mehr auf dem Platz sind. Abgesehen davon, können alle die Bäume, die im Laufe der Zeit ausgeschieden sind, selbstverständlich verwertet werden. Diese haben einen Doppelnutzen: Sie trainieren zu Lebzeiten die verbleibenden Bäume, und nach ihrem Ableben sind sie ein für die Waldbesitzenden wertvolles Produkt.

Weil das Schema des Pflanzrads den Raum der zukünftigen Altbaumkrone genau ausfüllt, ist es besonders geeignet, den Weg in eine möglichst sichere Zukunft eines Baums zu bahnen. Das Rückwärtsdenken vom Ergebnis her erleichtert uns beim Pflanzrad das Vorwärtsarbeiten.

Das Wichtigste in Kürze

Nach der gelungenen Pflanzung geht die Arbeit im Wald weiter. Je größer die Bäume werden, desto mehr Platz zum Weiterwachsen nehmen sie in Anspruch. Oft muss man ihnen den benötigten Platz erst verschaffen und die im Weg stehenden Konkurrenten entfernen. Nur mit pflegenden Eingriffen in allen Phasen lässt sich das gesteckte Ziel von vitalen, stabilen und qualitätvollen Altbäumen erreichen.

15 Süßes Nichtstun: Die Natur macht von selbst nicht alles besser

Im Alltagsleben gibt es überhaupt keine Beispiele dafür, dass ein Problem ohne Handeln besser gelöst würde als durch ein überlegtes Eingreifen. Aus irgendeinem Grund wird das von einer wachsenden Zahl von Leuten in Bezug auf den Wald anders gesehen. Hier wird immer wieder der verlockende Gedanke geäußert, doch auf jede Art von Intervention zu verzichten und den Dingen ihren freien Lauf zu lassen. Der Wildnisgedanke hat in den letzten Jahrzehnten ständig an Popularität gewonnen. Es gibt eine große Sehnsucht nach einer Welt, in der man als Mensch keine Verantwortung hat und in der sich die Dinge von selbst, auf natürliche Weise regeln. Man ist auf der Suche nach dem verlorenen Paradies, in dem sich die Ordnung der Dinge ohne Zwang aus sich heraus ergibt. Nachdem der Wald bei uns der verbreitetste natürliche Lebensraum an Land ist, wird Wildnis bevorzugt im Wald gesucht. Überall sonst hat der Mensch die Finger viel mehr im Spiel, hier im Wald möchte man möglichst keine Spuren menschlicher Tätigkeit sehen und mit den Bäumen allein sein. Wälder laden zum Träumen von einer anderen, heilen Naturwelt ein. »Natur Natur sein lassen«, lautet der Wahlspruch, der viele Anhänger hat.

Weil Wälder in unseren Tagen nicht zuletzt durch den Klimawandel hochgradig menschlich beeinflusst sind, bedürfen sie mehr als in früheren Zeiten der Steuerung durch Menschenhand, um die schädlichen Einflüsse des Klimawandels wenigstens teilweise zu dämpfen. Sich darauf zu verlassen, dass die Selbstheilungskräfte der Natur rechtzeitig mobilisiert werden und sich das Problem fehlender Anpassung von selbst löst, ist wohl zu Zeiten des menschengemachten Klimawandels ziemlich realitätsfern. Mit der Klimaveränderung kommen viele Wälder in eine schwere Anpassungskrise. Daraus ergibt sich für die Verantwortlichen die Notwendigkeit, die von der Natur allein unerfüllbare Anpassungsleistung nach Kräften zu unterstützen. Der Zukunftswald baut sich nicht von selbst, und die Probleme lösen sich nicht durch kraftvolle, »dynamische«

Selbstheilung. Nur der Mensch kann durch planvolles Steuern natürlicher Prozesse das Ungleichgewicht beseitigen oder zumindest abmildern, das er selbst hergestellt hat. Die menschengemachte Bedrohung des Waldes verpflichtet uns, die entstandenen Schäden und Belastungen durch aktive Kompensation wieder erträglich zu machen. Wenn wir zusätzlich die Vorstellung der unberührten und der sich selbst genügenden Waldnatur insgesamt als schöne Illusion betrachten, fällt es uns vielleicht leichter, aktiv zu werden. Warum sollten wir uns, einmal desillusioniert, scheuen, die nur scheinbar intakte Waldnatur anzutasten und bewusst als Gestalter des Zukunftswalds aufzutreten?

Die sich weiter zuspitzende Situation, in der sich die Wälder wegen des Klimawandels befinden, trifft menschengemachte Kunstforste genauso wie Natur- und Urwälder. Immer dann, wenn die natürliche Anpassung an das Klima aufgebraucht ist, gibt es Probleme. In der Anfangszeit des Klimawandels dachte man, dass der Klimawandel nur die besonders künstlichen und sehr naturfernen Fichtenmonokulturen betreffen würde. Später war man überrascht, dass auch die als robust und genügsam geltenden Kiefernforste durchaus nicht immun gegen besonders warme und trockene Wetterperioden waren. Die letzten heftigen Dürreperioden seit dem Jahr 2018 haben gezeigt, dass auch die Buche, die Baumart, die bei uns zum größten Teil die natürlichen Waldgesellschaften aufbaut, unter den neuartigen Dürren lokal stark leidet und stellenweise abstirbt. Diese Reihenfolge der zunehmenden Anfälligkeit ist nicht weiter verwunderlich, wenn man sich die Verhältnisse in den Zwillingsregionen so genau anschaut, wie wir das getan haben. Ein Blick in Abbildung 9 genügt, um zu sehen, was die Stunde geschlagen hat und welche Baumarten zuerst Probleme bekommen. Naturnähe schützt vor Klimawandel nicht, und es sind auch nicht in erster Linie die Forstleute, die mit Monokulturen und Plantagenwirtschaft das Unheil der Fehlanpassung provoziert haben. Im Jargon der deutschen Forstleute heißt die Buche die »Mutter des Waldes«, weil sie optimal an das Klima der Vergangenheit in unserem Land angepasst ist und sich früher in vielen Regionen und auf vielen unserer Waldstandorte sehr wohl gefühlt hat. Dieses Wohlfühlklima hat in der Vergangenheit auch bewirkt, dass sich Buchenwälder immer sehr üppig natürlich verjüngt haben. Wie die bayerischen Mittelgebirge Spessart und Steigerwald zeigen, können große Waldlandschaften bis heute von Buchen und Buchenwäldern dominiert werden. Buchenwälder stehen nicht im Verdacht, vom Menschen in ihrer Baumartenzusammensetzung stark verändert worden zu sein. Sie zählen zu den natürlichsten gebietsheimischen Waldgesellschaften überhaupt. Der Klimawandel macht selbst dieses Urbild von Waldnatur, beginnend an den Rändern, brüchig. Aus den warmen und trockenen Randbereichen des Buchenvorkommens zieht sich die Buche nach und nach zurück. Diesen Prozess beobachten wir schon jetzt, und er wird sich mit zunehmendem Klimawandel weiter verstärken. Selbst in naturnahen Buchenwäldern mit allen Möglichkeiten, die eine natürliche Verjüngung für alle Spielarten der Anpassung bietet, scheinen die Anpassungspotenziale aufgebraucht zu sein, wenn sich im Wandel die rote Linie der buchenunfreundlichen Klimaextreme weiter nähert.

Es würde demnach wenig zur Lösung des Problems beitragen, wenn man als Lösung ausschließlich auf das freie Walten der Naturkräfte bauen würde. Noch weiß die Natur nichts von der weiteren bevorstehenden Klimaentwicklung. Natürliche Selbstregulation und alle Formen der natürlichen Anpassung funktionieren immer erst im Nachhinein. Anders als der Mensch kann die Natur den weiteren Klimawandel nicht vorhersehen und sich auch nicht darauf vorbereiten. Erst wenn das Ereignis eingetreten ist, können die entsprechenden Mechanismen zur Reaktion auf die veränderten Bedingungen greifen. Wir Menschen sind da eindeutig im Vorteil, indem wir Veränderungen vorhersehen und bereits vor dem zu erwartenden Schaden Maßnahmen ergreifen können. Deshalb ist der Waldumbau zur Klimawandelanpassung kein überheblicher Korrekturversuch an der allwissenden Natur, sondern eine Leistung des menschlichen Verstandes, der die Gefahr kommen sieht. Die aktive Anpassung allein eröffnet die Chance, mit dem geschwinden Tempo des Klimawandels überhaupt Schritt zu halten, indem man den Ereignissen immer einen Augenblick zuvorkommt. Die Selbstanpassung der Natur ist in dem von uns überschaubaren Zeitraum stark infrage gestellt, weil der evolutionär erprobte Prozess der Wanderung nicht mehr zur Verfügung steht.

6 Zerreiche

Zerreichen haben ein südosteuropäisches Areal, das bis in den Osten Mitteleuropas hineinragt. Schon früh hat man die Art in anderen warmen Regionen Mittel- und Westeuropas angepflanzt, sodass in den Zwillingsregionen für Nürnberg genügend Erfahrungen mit dem Anbau von Zerreichen vorliegen. Das Gegenwartsklima bei uns ist allerdings häufig noch etwas zu kalt für diese Zukunftsbaumart. Für unser trocken-warmes Zukunftsklima in den späteren Phasen des Klimawandels gibt es jedoch im Süden eine ausreichende Anzahl getesteter Vorkommen.

Strenger Winterfrost führt bei der Zerreiche oft zu Rissen im Stamm. Man sollte dies bei der Pflanzung berücksichtigen und Frostlagen meiden. Einmal gepflanzt und erfolgreich über die Jugendjahre gebracht, verjüngt sich die Zerreiche mit ihren Eicheln auch bald nach ein paar Jahrzehnten natürlich und in reichen Mengen. Wie bei vielen großfrüchtigen Baumarten helfen auch hier Tiere bei der Verbreitung der Früchte mit. Die Eicheln hängen übrigens nicht nur wenige Wochen am Baum, wie bei unseren heimischen Eichenarten, sondern benötigen zur Reife über ein Jahr.

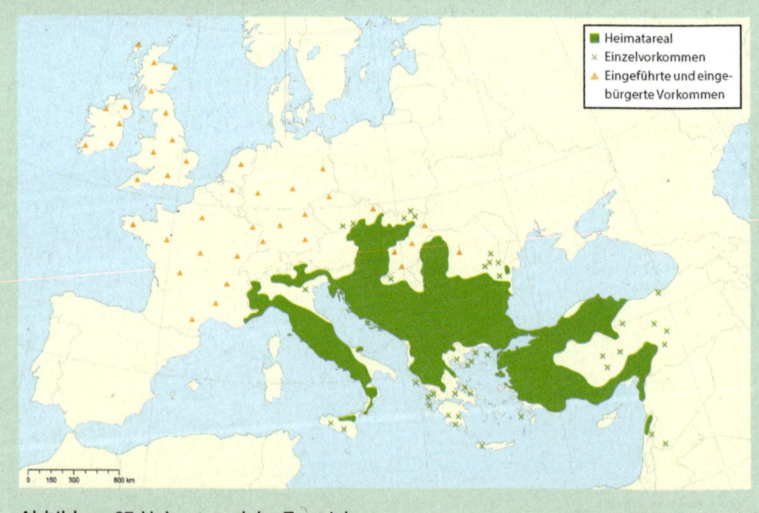

Abbildung 27: Heimatareal der Zerreiche

Das Holz der Zerreiche wird leider meistens nur zum Verbrennen genutzt, da es nicht so gute technologische Eigenschaften aufweist wie die beiden heimischen Eichenarten, Stiel- und Traubeneiche. Mit gewissen Abstrichen ist es aber auch im Möbelbau zu verwenden. Zerreichen treiben später aus als unsere heimischen Eichenarten und sind damit gut gegenüber späten Frösten geschützt. Als Lichtbaumart benötigt die Zerreiche genügend helle Pflanzflächen. Später sollte man darauf achten, dass die Kronen stets genügend Raum zur Entfaltung haben. Mit einer ausreichend großen Zahl von Trainerbäumen einer anderen Art kann man verhindern, dass die Äste zu stark werden oder dass am Stamm Zusatzäste, die sogenannten Wasserreiser, gebildet werden.

Abbildung 28: Zerreiche in ihrer Heimat in Niederösterreich mit der typischen schrundigen Borke, in deren Spalten es rötlich braun schimmert

Mit der unterstützten Wanderung und der bedachten Anreicherung der Wälder leisten wir mehr, als die Natur selbst vollbringen könnte. In der unbeeinflussten Wildnis eine Art Gegenmittel gegen jede Art von Zivilisationsunbehagen zu sehen, mag in früheren klimakonstanten Zeiten berechtigt gewesen sein. Jetzt in der Waldkrise erweist sich eine früher richtige Denkweise als falsch. Starres Denken wird dann zum Verhängnis, wenn sich die Rahmenbedingungen ändern und damit auch das Koordinatensystem von richtig und falsch nicht mehr stimmt. Manche für unantastbar gehaltenen Wertvorstellungen können unter neuen Umweltbedingungen nicht mehr oder nur noch eingeschränkt gelten. Unter einem durch den Klimawandel veranlassten Perspektivwechsel muss auch der menschliche Eingriff, die Intervention in das Geschehen im Wald, neu bewertet werden.

Das süße Nichtstun und das Abwälzen von Verantwortung für die Anpassung auf die natürlichen Prozesse scheinen mir Ausdruck eines romantischen Traums zu sein. So wie in früheren Jahrhunderten der Ruf »Zurück zur Natur!« eine unwiderstehliche Anziehungskraft hatte, so locken auch heute die Versprechungen der Selbstanpassung der Wälder. Man überlässt die Dinge sich selbst, lässt die Natur machen und zieht sich auf die Rolle des Beobachters zurück. Ich halte es für verantwortungslos, das mühevolle Geschäft der aktiven Anpassung der Wälder zu verweigern und sich stattdessen den romantischen Tagträumen der Selbstheilung der Natur hinzugeben.

Das Wichtigste in Kürze

Mit Nichtstun und bloßem Beobachten des freien Spiels der Naturkräfte allein werden wir nur in wenigen glücklichen Fällen die Klimawandelanpassung erreichen. Einer starken Bedrohung, wie sie der Klimawandel darstellt, können wir nur mit mutigen Eingriffen in den Lauf der Dinge entgegentreten.

16 Normalbetrieb oder Geschäft wie üblich: Neue Probleme erfordern neue Lösungen

Von vielen Traditionsunternehmen werden Veränderungen als Bedrohung empfunden. Wenn neue Produkte von der Konkurrenz auf den Markt geworfen werden oder sich die Handelsströme ändern, wird man in der folgenden Absatzkrise notgedrungen tätig und versucht alte Tugenden zu mobilisieren. Man spricht sich Mut zu und hört häufiger den Satz: »Unsere Firma hat bisher jede Krise gemeistert, da wird sich auch für die jetzige eine Lösung finden, und wir werden gestärkt daraus hervorgehen.« Es wäre schön, wenn das immer so einfach funktionieren würde. Tatsächlich ist die Wirtschaftsgeschichte voll von Geschäftsaufgaben, die einer mangelhaften Anpassung an geänderte Rahmenbedingungen geschuldet sind, verbunden mit einer gefährlichen Überheblichkeit, die sich bei langen Firmentraditionen ganz von selbst einstellt.

Die aktive Anpassung durch Anreicherung mit neuen Baumarten ist eine völlig neuartige Herausforderung, vor die uns das Problem des Klimawandels stellt. Es gibt in der über sechshundertjährigen Geschichte der Forstwirtschaft kein einziges Beispiel für einen ähnlichen Vorgang. Bisher hat man nahezu alle Probleme im Wald mit einem Rückgriff auf eigene oder kollektive Erfahrungen lösen können. Kollektive Erfahrung ist dabei nur ein anderes Wort für Tradition. Tatsächlich ist die Behandlung von Wäldern sehr stark traditionsgetrieben. Solange es keine großen Veränderungen gibt, ist es angesichts der langen Zeiträume, in denen sich Waldbäume entwickeln, eine gute Sache, wenn man sich in die Tradition einreiht und damit seinem Handeln Beständigkeit verleiht. Was spricht dagegen, die immer gleichen Probleme stets auf die bekannte und bewährte Weise zu lösen? Nur weil viele Konzepte und Lösungswege älter sind, heißt das noch lange nicht, dass sie falsch und unbrauchbar wären. Erst zur Wende in unser Jahrhundert hat man begonnen, das Problem des Klimawandels überhaupt und auch seine Tragweite für die Wälder ernst zu nehmen. Bis zu diesem Zeitpunkt war ein konstantes Handeln nach hergebrachten Methoden eine verlässliche und erfolgreiche Art, Wälder zu bewirtschaften. Die bewährten Rezepte vom Großvater zu übernehmen ergibt auch deshalb Sinn, weil eine Waldgeneration drei und mehr Menschengenerationen einschließt. Da sind Beständigkeit und Beharrlichkeit gute Garanten für den Erfolg. Über lange Zeiträume der Waldgeschichte kam man mit Normalbetrieb oder business as usual sehr weit, und die Konstanz der Geschäftsmethoden wirkte sich positiv auf das gleichmäßige Gedeihen der Wälder aus.

Sicher gab es im Lauf der Jahrhunderte Irrungen und Wirrungen, neue Entwicklungen und auch kleinere Traditionsbrüche. Die Forstwirtschaft war auch in früheren Zeiten kein innovationsfreier Raum. Den Beginn der Forstwirtschaft im Jahr 1368 markierte die bahnbrechende Innovation der Baumsaat. Die sich abzeichnende Holznot der wachsenden Stadt Nürnberg führte zur problemlösenden Erfindung der Nadelbaumsaat, die wir bereits kennengelernt haben. Das Tempo des Fortschritts war aber, über die Jahrhunderte betrachtet, zumeist langsamer, der Wald hatte für lange Zeitabschnitte seine Ruhe.

Mit dem Einbruch des Klimawandels in ein eher ruhig verlaufendes Geschehen hat sich einiges verändert. Alte Erfahrungssätze, die durch andauernde und wiederholte Anwendung fast schon den Charakter von Naturgesetzen bekommen hatten, erweisen sich auf einmal im neuen Kontext zunehmend als falsch oder zumindest bedenkenswert. Das, was in früheren Jahren reibungslos funktioniert hatte, geht auf einmal nur noch mit Mühe oder gar nicht mehr. Ein sehr normaler Reflex in einer derartigen Situation ist es, die bekannten und bewährten Methoden weiter zu perfektionieren und mit noch mehr Intensität und Sorgfalt anzuwenden. Ein Beispiel dafür sind waldhygienische Maßnahmen, um die Massenvermehrungen des Borkenkäfers und seine schädlichen Auswirkungen auf Fichtenwälder einzudämmen. Mit sauberer Wirtschaft, das heißt dem Brutraumentzug durch Entfernen allen befallenen Holzes mitsamt der Rinde aus dem Wald, hatte man in früheren Zeiten große Erfolge. Nun stellt sich heraus, dass die Waldhygiene heute an der stark angewachsenen Größe des Problems scheitern muss. Man wird einer Plage dieser neuen Größenordnung einfach nicht mehr Herr. Durch den Klimawandel ist das Borkenkäferproblem in eine neue Dimension gehoben, für die die bisherigen Lösungsmethoden nicht mehr ausreichen (Abbildung 1 und Abbildung 7).

Wenn man mit traditionellen Rezepten nicht mehr weiterkommt, hilft es wenig, die Intensität der Anwendung immer weiter zu erhöhen. Man kann den Schriftsteller und Satiriker Mark Twain (1835–1910) mit Blick auf die gegenwärtige ausweglos erscheinende Situation mit dem berühmten Satz zitieren: »Nachdem wir das Ziel endgültig aus den Augen verloren hatten, verdoppelten wir unsere Anstrengungen.« Spätestens dann ist schließlich der Moment gekommen, völlig neue Konzepte zu entwickeln und viele Dinge andersherum zu denken. »Unser Kopf ist rund, damit das Denken die Richtung wechseln kann«, ist ein beliebtes Zitat des französischen Schriftstellers und Malers Francis Picabia (1879–1953), der auch ein Vertreter des Dadaismus war. Wenn man, durch äußere Einflüsse gezwungen, mit einer Denkrichtung in eine Sackgasse gerät, hilft es ungemein, eine andere Richtung einzuschlagen, die Dinge neu zu denken und so mit der festgefahrenen Denktradition zu brechen. Diese Unterbrechung oder, mit einem Fachwort ausgedrückt, Disruption starrer Denkschemen ist ein mühsamer Vorgang, der von vielen Diskussionen über Sinn und Unsinn der neuen Wege begleitet wird. Die Denkrichtung zu wechseln ist ein schmerzhafter und vor allem zeitintensiver Prozess. Während man sich in den Diskussionen streitet, wächst unterdessen das Problem weiter an. Mir scheint die gegenwärtige Situation deshalb so unerfreulich zu sein, weil die Diskussionen just zu dem Zeitpunkt Fahrt aufnehmen, an dem auch die Probleme zunehmend drängender werden und nach einer raschen Lösung verlangen.

In den vorangegangenen Kapiteln haben wir an mehreren Stellen die gewohnten Denkwege verlassen. Wir gehen mit dem Konzept der unterstützten Wanderung nicht mehr von unseren Wunschbaumarten aus und orakeln über deren Wohlergehen in der Klimazukunft, sondern wir kommen vom neuen Klima selbst und den darin bereits getesteten Baumarten her. Anstatt uns von der Gegenwart in eine neblige Zukunft vorzuarbeiten, kommen wir rückwärts aus der Klimazukunft und treffen auf diesem Rückweg wieder unsere Gegenwart.

7 Speierling

Der Speierling ist gegenwärtig bei uns ein heimischer Exot. Nur in den wärmsten Regionen Deutschlands kommt er sehr selten vor, auf dem Großteil der Fläche ist es ihm noch zu kalt, und er fehlt. In den südlichen Zwillingsregionen für Nürnberg ist der Speierling jedoch viel verbreiteter und beweist dort, dass er an das warme und sommertrockene Klima, wie es zu uns herkommt, angepasst ist. Durch den Klimawandel erhält diese Baumart die Chance, sich weiter nach Norden oder Osten auszubreiten. Mit dem Verfahren der unterstützten Wanderung kann man dem Speierling unter die Arme greifen und dabei helfen, neues Terrain mit einem für ihn geeigneten Klima zu erobern.

Ähnlich wie die Elsbeere hat der Speierling Apfelfrüchte, die sogar essbar sind und zu Nahrungsmitteln verarbeitet werden können. Aus nicht geklärten Ursachen funktioniert die natürliche Verjüngung über die in den Früchten enthaltenen Samen nur selten. Dafür kann der Baum aus den Wurzeln ausschlagen und sich auf diesem Weg verbreiten.

Abbildung 29: Heimatareal des Speierling

Das Holz des Speierlings ist sehr begehrt und wird als »Schweizer Birnbaum« gehandelt. Der Speierling ist eine besonders lichtbedürftige Art. Man sollte ihm daher genügend freie Fläche geben und ihn laufend von der Konkurrenz der Nachbarn entlasten. Im Pflanzrad hat man die besten Chancen, den Bäumen die nötige Pflege zu verschaffen.

Abbildung 30: Speierling in der österreichischen Steiermark

Der Blick in die Zwillingsregionen belebt unser Denken und führt zu teilweise überraschenden Erkenntnissen. Eine zweite Unterbrechung der Tradition ergibt sich durch das Prinzip der bedachten Anreicherung. Wir brechen mit der Plantagenkultur, dem großflächigen Anbau von Waldbaumarten, und arbeiten punktuell in kleinen Einheiten. Wir denken nicht mehr in langen Zeilen und Reihen von Pflanzen, die wir auf die Zeitreise schicken, sondern bewegen uns gedanklich vom Ergebnis des Altbaums rückwärts hin zu den dafür erforderlichen Pflanzungen. Wir landen so eher zwanglos bei der Kreisform als Pflanzschema. Benutzten wir vorher ein rechtwinkliges Koordinatensystem, das den Raum wie ein Karopapier einteilt, so verwenden wir im Pflanzrad Koordinaten, die sich jeweils auf ein Zentrum hin ausrichten und nur durch Entfernung und Winkel bestimmt sind. Dachten wir vorher vorwärts auf dem Zeitstrahl, so arbeiten wir nun rückwärts vom Ergebnis her. Zweimal haben wir disruptiv die Richtung des Zeitstrahls umgekehrt und einmal den Raum nicht wie gewohnt in Karos aufgeteilt, sondern auf ein Zentrum bezogen gedacht. Das sind alles Beispiele für neue Denkweisen, die uns als Reaktionsmuster auf die Bedrohungen des Klimawandels zur Verfügung stehen.

Das Wichtigste in Kürze

Je größer das Problem ist, umso mehr steigt die Anforderung an eine Umkehr der Denkweise. Veränderungen sind möglich, wenn man offen für Neues ist und manche Dinge von einer anderen Seite her betrachtet.

17 Einsicht in die Notwendigkeit: Wie Evidenz das Handeln möglich macht

Der Mensch ist auch ein Vernunftwesen, doch setzt sich die Vernunft nicht immer durch. Der vernünftigste Denker ertappt sich bisweilen selbst bei irrationalen Entscheidungen aus dem Bauch heraus, oder er wird von anderen darauf hingewiesen. Dennoch ist man bei schwierigen und weitreichenden Festlegungen gut beraten, wenn man sich auf wissenschaftliche Erfahrung und allgemeingültige bewiesene Zusammenhänge stützt. Die Coronapandemie hat uns deutlich gemacht, wie wichtig es ist, sich nicht zu sehr auf das Bauchgefühl und die Meinung anderer zu verlassen. Durchgesetzt haben sich in der Pandemie schließlich diejenigen Lösungsstrategien, die durch wissenschaftliche Belege und Daten abgesichert waren. Wissenschaftlich abgesicherte Erfahrung ist der persönlichen Einzelerfahrung weit überlegen. Die Einzelerfahrung schlägt ihrerseits Meinungen und bloße Ahnungen ohne Erfahrungshintergrund. Ein neuer Begriff macht hinsichtlich des Umgangs mit wissenschaftlich gesicherter Erfahrung die Runde: Evidenz. Man versteht darunter den wissenschaftlichen Beweis, wie er sich aus Studien, aus wissenschaftlicher Beobachtung und/oder wissenschaftlichen Experimenten ergibt. Bei allen Äußerungen im Zusammenhang mit dem Handeln für die Zukunft sollte man unbedingt immer nach den zugrunde liegenden Beweisen und Belegen fragen. Je weiter das Handeln in die Zukunft weist, desto tragfähiger muss die wissenschaftliche Basis sein.

Der Blick in die Zwillingsregionen zeigt uns mit der in den dort vorhandenen Bäumen angesammelten Erfahrung, was künftig nicht mehr funktionieren oder zumindest sehr schwierig werden wird. Wenn in allen Zwillingsregionen eines Zeitabschnitts die Fichten leiden oder gar nicht vorhanden sind, sollten wir beginnen, bei uns auf diese Baumart zu verzichten. Gleichzeitig zeigt uns die Betrachtung der Waldzukunft im Spiegel der südlichen Gebiete, wo es Ansätze gibt, die Probleme zu lösen oder zu lindern. Wenn in den Zwillingsregionen andererseits die Zerreichen prächtig gedeihen, sollten wir schnellstens prüfen, ob sie bei uns infrage kommen und wo wir sie einsetzen können. Die Zwillingsregionen sind für uns die einzigen greifbaren und der Erfahrung zugänglichen Verwirklichungen der Klimazukunft. Anders als mithilfe der Zwillingsregionen können wir im Voraus keine guten erfahrungsbasierten Erkenntnisse über unsere Waldzukunft gewinnen. Es bleibt uns dann nur noch das Handeln im Nachhinein, und wir verlieren den entscheidenden Vorsprung in der Anpassung.

Alternative Beobachtungen unter anderen Bedingungen, als sie die Zwillingsregionen mit ihrem ähnlichen Klima aufweisen, sind wenig hilfreich. Experimente außerhalb der Zwillingsregionen, z.B. in einem Kunstklima unter kontrollierten Laborbedingungen, scheiden aus praktischen Gründen aus. Ein denkbares, aber nicht realisierbares Experiment würde darin bestehen, eine künstliche Klimawelt zum Beispiel in einem sehr großen Raum zu schaffen, einen Wald dort hineinzubringen oder zu pflanzen und dann zu schauen, was das neue Klima mit dem Wald macht. Es leuchtet unmittelbar ein, dass dieses Verfahren unbezahlbar wäre, zahlreiche technische Probleme hervorbringen und auch nur mit großer Zeitverzögerung Ergebnisse liefern würde. Waldbäume sind so groß, dass man sie nur vor Ort, also im real existierenden Wald, angemessen beobachten und untersuchen kann.

Es ist wohl eine weniger aufwendige experimentelle Erweiterung des beobachtenden Ansatzes der Zwillingsregionen möglich. Man könnte in den Regionen, die auf der Strecke des herwandernden Klimas liegen, gezielt weitere Baumarten von Interesse pflanzen, die dort bisher nicht vorkommen. Vielleicht schlummern ja in einigen Baumarten ungeahnte Anpassungspotenziale an ein ihnen noch fremdes Klima, und sie haben förmlich die ganze Naturgeschichte lang nur darauf gewartet, diese verborgene Anpassung beweisen zu können. So bestechend der Gedanke sein mag, ein derartiges Experiment würde erst nach vielen Jahrzehnten verlässliche Antworten liefern und damit für unsere heutigen drängenden Fragen nutzlos sein. Unter dem Zeitdruck der Anpassung an den vorhandenen und sich weiter verstärkenden Klimawandel und wenn wir die langsamen Reaktionszeiten der Wälder bedenken, ist jede Spielart des klassischen naturwissenschaftlichen Experiments viel zu langsam, um rechtzeitig erfahrungsbasiertes Handlungswissen zu liefern. Für die Anpassung benötigen wir das Wissen jetzt, nicht erst nach Abschluss langwieriger und teurer Experimente mit ungewissem Erfolg.

Nicht auf Evidenz beruhen auch alle Erfahrungen, die, ohne die uns erwartende Klimazukunft zu berücksichtigen, in unserer Klimavergangenheit, in der Klimagegenwart oder außerhalb der Zwillingsregionen gemacht wurden. Hier kann man die Expertenmeinungen einreihen, die nicht auf Erfahrungen unter den Bedingungen der Klimazukunft beruhen, sondern auf Mutmaßungen und brüchigen Schlüssen anhand von Beobachtungen unter für unsere Waldzukunft nicht einschlägigen Verhältnissen. Wissenschaftliche Evidenz basiert allein auf dem Prinzip der kontrollierten Erfahrung, das heißt auf nachprüfbaren und wiederholbaren Beobachtungen unter definierten Bedingungen. Diese Erkenntnisse gelten im Übrigen auch nur unter den Bedingungen, unter denen sie gewonnen wurden.

Die Zeit rennt uns davon. Der fortschreitende Klimawandel erzwingt das Handeln jetzt, damit die Wälder eine von den Eigentümern und von der Gesellschaft erwünschte und tragfähige Zukunft haben. Die Weichen für den Zukunftswald müssen jetzt auf der Basis des besten verfügbaren Wissens gestellt werden.

Das Wichtigste in Kürze

Das in den Zwillingsregionen gewonnene empirische Vorwissen hilft uns, angemessen und wirksam auf den Klimawandel zu reagieren. Wissenschaftliche Evidenz ist die wichtigste Erfolgsgarantie für unser anpassendes Handeln.

18 Gegenwartswald wird Zukunftswald: Es steht viel auf dem Spiel

Wenn Sie selbst keinen Wald besitzen und daher nicht unmittelbar betroffen sind, könnten Sie sich fragen, warum man überhaupt den gewaltigen Aufwand des Waldumbaus betreiben und gesellschaftlich unterstützen soll. Gibt es nicht dringendere Probleme und größere Herausforderungen auf der Welt als die Anpassung der Wälder an den Klimawandel? Gewiss sind Wälder ein sympathischer Teil unserer Umwelt. Wir sind bereit, uns für die Fortexistenz der Wälder einzusetzen, aber die Unterstützung kann schnell schwächer werden, wenn wir uns der Gründe für den Waldumbau und der zu bewahrenden Werte nicht bewusst genug sind. Eine breite, auf Sympathie beruhende Zustimmung reicht allein nicht aus, man braucht noch weitere Argumente, wenn der Klimawandelanpassung im Wald nicht die Puste ausgehen soll.

Es gibt viele Gründe, warum wir Menschen dringend daran interessiert sein sollten, dass aus dem Gegenwartswald ein Zukunftswald wird. Wälder sind zum einen ein wichtiger Teil unserer natürlichen Umwelt, Lebensraum für Pflanzen und Tiere. Für den Menschen sind sie Erholungsraum und Umgebung für vielfältige Freizeitaktivitäten. Wälder haben zahlreiche Funktionen im Landschaftshaushalt, sie schützen vor Erosion, und es wird in ihnen sauberes Grundwasser gebildet. Nicht zuletzt sind Wälder für die Waldbesitzenden und alle, die dort oder in den nachgelagerten Branchen arbeiten, Vermögen und Einnahmequelle. Eine Welt ohne einen vitalen Wald wäre um vieles weniger lebenswert. Schließlich brauchen wir intakte und vitale Wälder, damit diese dauerhaft als Kohlenstoffsenke dienen können. Zusammenbrechende Wälder werden schnell zu einer zusätzlichen Kohlenstoffquelle und gefährden dann ihrerseits das Weltklima. Das ist das Letzte, was wir in dieser vor uns liegenden Phase des Klimawandels gebrauchen können. Jede Kohlenstoffsenke zählt, und jede vermeidbare Kohlenstoffquelle sollte verstopft werden.

8 Mannaesche

Die Mannaesche hat ein ähnliches südosteuropäisches Areal wie die Zerreiche. Ein anderer deutscher Name ist Blumenesche, denn im Gegensatz zu unserer heimischen Esche besitzt sie auffällige schmucke Blüten, die sie bei uns auch als Garten- und Straßenbaum attraktiv machen. Die Mannaesche kommt auch in den weiter südlich gelegenen Zwillingsregionen für Nürnberg vor, fehlt aber bisher fast vollständig im Gebiet Deutschlands. Damit ist sie eine echte Zukunftsbaumart und gehört zur Gruppe der Aufsteiger, die in der Gegenwart noch Wärmeprobleme haben, aber bei fortschreitendem Klimawandel zu großer Form auflaufen können.

Mannaeschen sind sehr genügsam, was den Boden betrifft. In ihrer Heimat besiedeln sie sogar Felsstandorte. Gegen die Krankheit des Eschentriebsterbens, das für unsere heimische Esche sehr gefährlich ist, scheint die Mannaesche weitgehend immun zu sein. Bei den kleinen Baumdimensionen – selten wird die Mannaesche höher als 20 Meter – gibt es für das Holz nur wenige Verwendungen. Zu den durch sie

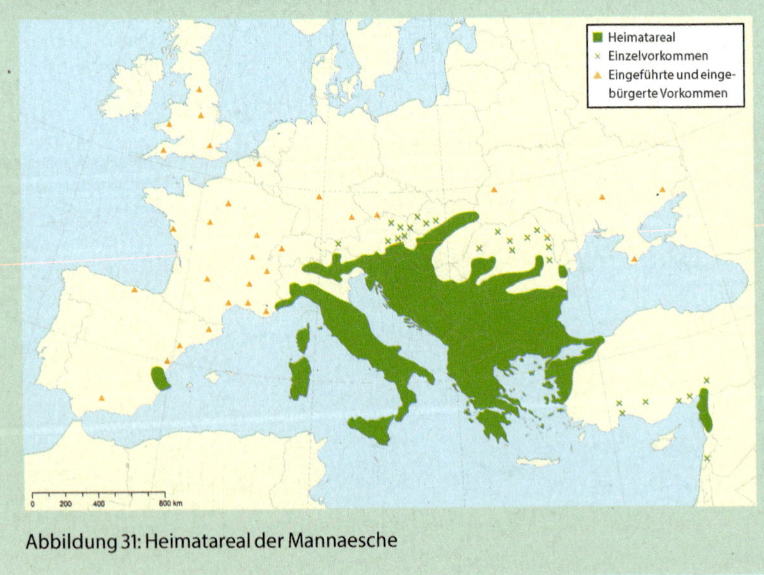

Abbildung 31: Heimatareal der Mannaesche

gewährleisteten Ökosystemdienstleistungen zählen auch die Blütenbesuche durch Hummeln und Käfer.

Da bei uns im Wald keine Mannaeschen stehen, muss die erste Generation dieser Baumart gepflanzt werden. Die Früchte sind zahlreich und geflügelt, sodass sie vom Wind über größere Strecken verbreitet werden. Als kleine Baumart verlangt die Mannaesche besonders viel Licht und eine sorgsame Pflege, damit sie nicht von Nachbarn überwachsen wird.

Abbildung 32: Blühende Mannaesche in Bulgarien

Ein Wald, der sich von einem Schadereignis zum anderen durchhangelt und sich als hässliche und gefährliche Dauerbaustelle präsentiert, ist sicher nicht das, was die Mehrheit in unserem Land schätzt und was dem Klimaschutz guttut. Für das Anliegen, den Wald an die neuen Klimabedingungen anzupassen und Schäden zu minimieren, sollten sich also leicht dauerhaft Mehrheiten finden lassen.

Tatsächlich sind Pflanzaktionen für den Wald von morgen so populär wie nie zuvor. Zukunftsbäume zu pflanzen ist zur beliebten Aktivität auch für Leute geworden, die selbst gar keinen Wald besitzen. So wie man sich bei den Fridays for Future dafür einsetzt, den Klimawandel abzumildern, so nimmt man auch an den vielfältig angebotenen Aktionen teil, bei denen das Pflanzen von Bäumen zu einem Akt der anpassenden Zukunftsgestaltung wird. Das Interesse am Wald und die Bereitschaft, dort aktiv zu werden, ist ausgesprochen erfreulich. Nun kommt es darauf an, den Aktionismus auf die erfolgreichsten Handlungsoptionen zu lenken. Nicht nur irgendetwas, sondern genau das Richtige sollte gepflanzt werden. Mit den zwei Strategien der unterstützten Wanderung und der bedachten Anreicherung hat man wirksame und erfolgversprechende Leitvorstellungen für das Handeln im Wald an der Hand. Etwas Neues kann nur dann entstehen, wenn Einsicht und Handlungswillen zusammentreffen. Je klarer die Vorstellungen vom Zukunftswald sind, desto leichter ist es, die Aktivitäten zu bündeln und zu einem gemeinsamen Erfolg zu führen. Mit den falschen Methoden von gestern wird es uns auch mit viel Unterstützung durch aktive Bürger nicht gelingen, den Wald von morgen zu formen. Bilder aus der Vergangenheit, auch wenn sie uns lieb und wert sind, werden nichts Wesentliches zur Gestaltung des Zukunftswalds beitragen. Der Rückweg in die Vergangenheit ist uns durch einen unumkehrbaren Klimawandel ein für alle Mal versperrt. Nun kommt es darauf an, sich mit der noch ungewohnten Waldzukunft anzufreunden und sie aktiv zu gestalten.

In seiner Antrittsrede für das Amt des Bundespräsidenten sagte Frank-Walter Steinmeier am 22. März 2017: »Zukunft ist kein Schicksal, dem Gesellschaften ausgeliefert sind – erst recht nicht die demokratischen!« Dieser Satz lässt sich mühelos auf das Engagement der Gesellschaft für den Wald übertragen. Wie der Zukunftswald aussieht, können die Akteure selbst bestimmen, indem sie Spaten und Baumpflanzen in die Hand nehmen und die Waldzukunft bewusst gestalten. Sehr rasch sollte man sich auf die Richtung und die notwendigen Elemente des Gestaltungsvorgangs einigen und dann gemeinsam handeln. Eine große Chance ist es, die Transformation auf der Grundlage wissenschaftlicher Evidenz zu unternehmen. Fakten ermöglichen viel eher als Meinungen, gemeinsam die Zukunft zu planen und zu gestalten.

Das Wichtigste in Kürze

Ohne erfolgreiche Anpassung des Waldes an das neue Klima werden wertvolle Güter aufs Spiel gesetzt. Wenn wir weiterhin von Wäldern umgeben sein wollen, die trotz Klimawandel unsere ökologischen, ökonomischen und sozialen Ansprüche noch erfüllen können, dann sollten wir sie jetzt so gestalten, dass sie den herrschenden Bedingungen von morgen standhalten.

19 Schöne neue Welt: Der Wald wird sich verändert haben

»Hinterher ist man immer klüger.« Diesen Satz hört man immer wieder, wenn sich eine Prognose als falsch erwiesen hat oder eine offensichtlich falsche Entscheidung getroffen wurde. Schön ist es, wenn man Verantwortung für den Erfolg hat und diesen Satz möglichst selten sagen muss. Die wertvollsten Erkenntnisse sind diejenigen, die man im Voraus gewonnen hat und die dann durch die Ereignisse bestätigt werden. Wenn sich die Vorausschau als zutreffend erweist und die Zukunft sich so präsentiert, wie wir versucht haben, sie zu gestalten, dann ist das ein glücklicher Moment. Es kommt dann wie vorhergesehen, und man hat gegenüber den Sorglosen einen schönen Vorsprung. Für diesen glücklichen Moment gibt es keine Garantie, aber man hofft, dass er eintritt.

Versetzen wir uns gedanklich in die Zukunft, und betrachten wir von dort aus in der Rückschau den ganzen dann bereits hinter uns liegenden Prozess der Klimawandelanpassung im Wald. Nachdem wir uns auf hundert Jahre Waldzukunft geeinigt haben, ist das Jahr 2100 ein guter Zeitpunkt für diese spezielle Art der Rückschau aus der Zukunft. Wir überblicken von dort das heute noch fiktive Ergebnis der in diesem Jahrhundert abgelaufenen Entwicklung des Zukunftswalds. Der Perspektivwechsel ermöglicht uns einen neuen Blick auf die jetzt noch vor uns liegende Zukunft.

Erlauben Sie mir, mit Ihnen die Zeitreise ins Jahr 2100 zu machen und von dort auf die Geschehnisse des Jahrhunderts und das erreichte Ergebnis zurückzublicken. Wir gehen dabei von einem günstigen, wünschenswerten Verlauf der Klimawandelanpassung aus. Im Jahr 2100 haben wir ein Klima mit heißen Sommern, in denen die Niederschläge oft bei Weitem nicht ausreichen, um den üblichen Wasserbedarf der Bäume zu decken. Im Sommer ruht daher häufig die Holzproduktion der Wälder. Trockenphasen, in denen die Vegetation ihren Betrieb komplett einstellt, sind häufig. Die dann vorhandenen Bäume aber sind daran so angepasst, dass Wassermangel nur selten zum Tod der Bäume führt.

9 Schwarzkiefer

Die Schwarzkiefer hat ein in vier Teile gegliedertes natürliches Areal. Sie wird seit Langem zu forstlichen Zwecken auch bei uns und in den Zwillingsregionen Nürnbergs künstlich angebaut. Man hat daher mit ihrem Anbau einige Erfahrung. Im Mittelmeerraum ist die Schwarzkiefer eine sehr wichtige Wirtschaftsbaumart. In Deutschland wurden bisher fast ausschließlich Herkünfte der Unterart *nigra* aus Österreich angebaut. Erst in jüngerer Zeit hat man gute Erfahrungen mit der robusteren Unterart *laricio* gemacht, die in Italien und auf der französischen Insel Korsika zu Hause ist.

Als eine der wenigen Nadelbaumarten in den Zwillingsregionen ist die Schwarzkiefer für die Anpassung der Forstwirtschaft an den Klimawandel eine besonders interessante Zukunftsbaumart. Viele Waldbesitzer bevorzugen Nadelbäume gegenüber Laubbäumen. Verglichen mit anderen Kiefernarten des Mittelmeerraums wie der Stand- oder Aleppokiefer, hat die Schwarzkiefer den Vorteil, dass sie nicht nur an die Wärme, sondern zusätzlich auch an die kälteren Temperaturen unseres Gegenwartsklimas angepasst ist. Die Frostgefahr ist daher für diese Kiefernart gering.

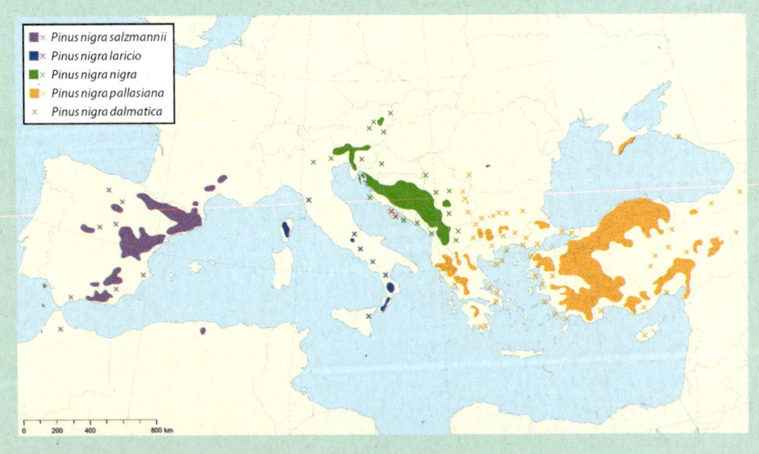

Abbildung 33: Heimatareal der Schwarzkiefer

Von Natur aus kommen Schwarzkiefern fast immer gemischt mit anderen Baumarten vor. Die leichten Samen, die aus den Zapfen entlassen werden, werden vom Wind und kaum von Tieren transportiert. Am besten keimen sie auf offenem Boden. Natürliche Verjüngung dieser Baumart ist daher bei uns selten, zumal nicht immer Altbäume in der Nähe sind. Man wird daher Schwarzkiefern vorwiegend zusammen mit Laubbäumen pflanzen. Das hat den Vorteil, dass die Äste nicht so stark werden und sich frühzeitig vom Stamm lösen können. Gegenüber dem traditionellen Anbau in größeren plantagenartigen Reinbeständen hat die Pflanzung als Anreicherungskultur in vereinzelten Trupps den Vorteil, dass sich Baumkrankheiten nicht so stark ausbreiten können und keine so verheerenden Auswirkungen haben. Schwarzkiefernholz lässt sich für eine Vielzahl von Zwecken verwenden. Wenn man etwas über die Holzverwendung erfahren will, muss man nur in die Zwillingsregionen reisen und sich dort informieren.

Abbildung 34: Schwarzkiefer (begleitet von Flaumeiche) in der südfranzösischen Zwillingsregion für Nürnberg

Die Winter sind sehr mild, bis weit in die Mittelgebirge hinauf sind Frost und Schnee zur großen Seltenheit geworden. Früher im Jahr treiben die Bäume aus, und später setzt der Laubfall ein. Die Baumarten, die an die Kälte und Feuchtigkeit angepasst sind, wie die zu Beginn des Jahrhunderts noch sehr häufigen und vielerorts das Waldbild beherrschenden Fichten und Kiefern, sind sehr viel seltener geworden. Zahlreiche Hitze- und Dürrewellen haben zu großflächigem Absterben dieser Baumarten geführt und ihre Vorkommen dezimiert. Nach den ersten herben Verlusten aufgrund von gravierenden Schäden haben sich schon in der ersten Jahrhunderthälfte viele Waldbesitzende entschlossen, auf diese anfälligen Baumarten bewusst und zielgerichtet zugunsten besser angepasster zu verzichten. Damit sind sie den Schäden zuvorgekommen und haben im Gegenzug wertvolle Anpassungszeit gewonnen. Was im Jahr 2100 noch an diesen nicht angepassten Baumarten in den Wäldern steht, sind Restbestände von glücklichen Überlebenden, die einen Blick zurück in die Waldvergangenheit erlauben, aber keine besondere Zukunft und nur noch geringe forstwirtschaftliche Bedeutung haben. Überall in der Waldlandschaft befinden sich stattdessen Inseln mit angepassten Baumarten, die vorausschauende Waldbesitzende mit Bedacht verteilt und über die Jahre hin gehegt und gepflegt haben. Weil die Anreicherung sehr frühzeitig betrieben wurde, sind die Pflanzungen bereits so alt, dass sie unter der Zeit in die Phase der Fortpflanzung übergegangen sind. Ausgehend von den gepflanzten Baumeltern, hat sich an vielen Orten Naturverjüngung rund um die Keimzellen der Anreicherungskulturen eingestellt. Die einstmals fremden und etwas exotisch anmutenden Baumarten aus den Zwillingsregionen haben die ihnen aus ihrer alten Heimat vertrauten Klimabedingungen dankbar registriert und sind ziemlich rasch in der neuen Umgebung heimisch und vital geworden. Abbildung 35 zeigt eine solche bereits etablierte Einbürgerung in einer der Zwillingsregionen. Die Ankömmlinge wachsen gemeinsam mit den Baumarten, die die ganze Zeit vor Ort ausgeharrt und den Klimawandel mehr oder weniger gut überstanden haben. Altes und Neues bilden eine vielfältige Mischung, die Baumartenbiodiversität ist mess- und sichtbar größer als zu Beginn des Jahrhunderts. Mit den neuen Baumarten sind neue Bodenpflanzen und

Abbildung 35: Wer Visionen für den Zukunftswald erhalten will, muss in Zwillingsregionen reisen: Junge Edelkastanie am Rand der Oberrheinebene in Rheinland-Pfalz

Tiere zu uns gekommen, die unerwartet reichhaltige Lebensgemeinschaften und ein dynamisches Netz von aufeinander bezogenen Organismen bilden. Viele Bäume stehen weit auseinander, um Wasser zu sparen. Sie sind niedriger geworden und haben ein anderes Verhältnis von oberirdischer zur unterirdischen Pflanzenmasse. Ein größeres Wurzelwerk versorgt kleinere Stämme und Baumkronen.

Auch wenn sich Landschafts- und Waldbilder verändert haben, sucht die Bevölkerung nach wie vor gern den Wald auf. Die Waldbesitzenden haben sich mit den geringeren Erträgen und den neuen Produkten aus dem Wald angefreundet. Sie sind beruhigt, dass die aufregende Phase der Umbrüche, Schadereignisse und Investitionen allmählich zu Ende geht. Ein Erfolg der kostspieligen und mühsamen Anpassungsmaßnahmen ist es, dass die Schäden am Wald nun stark zurückgegangen sind. Man hat nach den Irrungen und Wirrungen des Jahrhunderts nun den Eindruck, dass der Zukunftswald verwirklicht ist. Der Wald braucht nun nicht mehr so viel Aufmerksamkeit und Intervention wie in der hundertjährigen Zeit der Schäden und der schwierigen Anpassung.

Im Jahr 2100 hat man es endlich geschafft, durch neue Formen der Energienutzung den Spurengashaushalt der Atmosphäre und damit auch den Klimawandel so weit zu stabilisieren, dass keine größeren Änderungen des Klimas mehr zu erwarten sind. Zum Glück ist wieder Klimakonstanz eingetreten! Die gesamte Lebewelt begibt sich damit in ein stabiles Gleichgewicht zu ihrer neuen und klimatischen Umwelt. Das unruhige Jahrhundert der Anpassung scheint wirklich zu Ende zu sein. Für den Zukunftswald beginnt nun die Zeit stetiger ruhiger Weiterentwicklung. 2100 stehen wir an der Schwelle zu weiteren hundert Jahren Waldzukunft.

Das Wichtigste in Kürze

Wenn man mit dem Blick auf eine fern erscheinende Zukunft den Wald gestaltet, dann lohnt es sich, Anregungen aus Bildern der Zukunft zu verwenden. Zukunftsbilder oder Visionen geben uns die Kraft, schon in der Gegenwart mit dem Handeln zu beginnen.

20 Wiedersehen macht Freude: Wohin verschwindet unser Klima?

Im Klimawandel verlieren wir unser altes Klima und bekommen ein neues. Mit dem Klima verschwinden aus unseren Regionen lieb gewonnene Baumarten und viele Gewohnheiten der Behandlung von Wäldern. Allerdings gehen weder das Klima noch die mit ihm verbundenen Möglichkeiten endgültig verloren, man muss sie nur woanders suchen.

Ganz zum Schluss wollen wir noch eine Frage behandeln, die sich stellt, wenn wir tiefer über das Verfahren der unterstützten Wanderung nachdenken. Wir haben uns bisher immer darauf beschränkt, die Zwillingsregionen für unser zukünftiges Klima zu bestimmen und die Verhältnisse dort mit Blick auf die Zukunftswälder hier zu untersuchen. Es gibt jedoch noch eine weitere Gruppe von Zwillingsregionen. Diese ergeben sich, wenn wir unser bisheriges Klima auf einer Landkarte der mutmaßlichen klimatischen Zukunft abbilden. Dann sehen wir, wohin unser bekanntes Klima wandert und wo man es nach den Jahren des Klimawandels wiederfinden kann. Auf Abbildung 36 ist dargestellt, wohin die Wanderung unseres bisherigen Klimas führen kann. Die exakte Berechnung bestätigt, was wir bereits intuitiv vermuten konnten. Unser bislang gewohntes Klima können wir nach einiger Zeit mit hoher Wahrscheinlichkeit im Nordosten Europas wiederfinden. Möchte man weiterhin die Vorteile des uns und den Bäumen vertrauten Klimas nutzen und Forstwirtschaft so betreiben, wie man das bei uns kennt, dann muss man mit Sack und Pack in diese Zwillingsregionen zweiter Ordnung im Nordosten auswandern.

Zwillingsregionen zweiter Ordnung zeigen uns das Problem der Klimawandelanpassung aus einer anderen Perspektive, die die Schwierigkeiten und Größenordnungen der notwendigen Maßnahmen nochmals und besser verdeutlicht. Um unseren Wäldern weiterhin das ihnen zusagende Klima zu bieten, müssten wir sie viele Hunderte von Kilometern weiter nordöstlich verfrachten. Man kann an dieser Art der Darstellung gut ablesen, wie unangenehm die Verhältnisse zum Beispiel für Fichten und Kiefern werden würden, wenn wir sie entgegen ihrem natürlichen Wanderstreben bei uns festhalten würden und ihnen die Anpassung verwehren. Um weiterhin so erfolgreich Forstwirtschaft betreiben zu können, wie wir es kennen und schätzen, muss man sich völlig umorientieren. Man muss die Absteiger wie Fichten und Kiefern in neue Regionen wegziehen lassen und darauf hinarbeiten, dass man als Ersatz genügend Aufsteiger aus der Gegenrichtung bekommt.

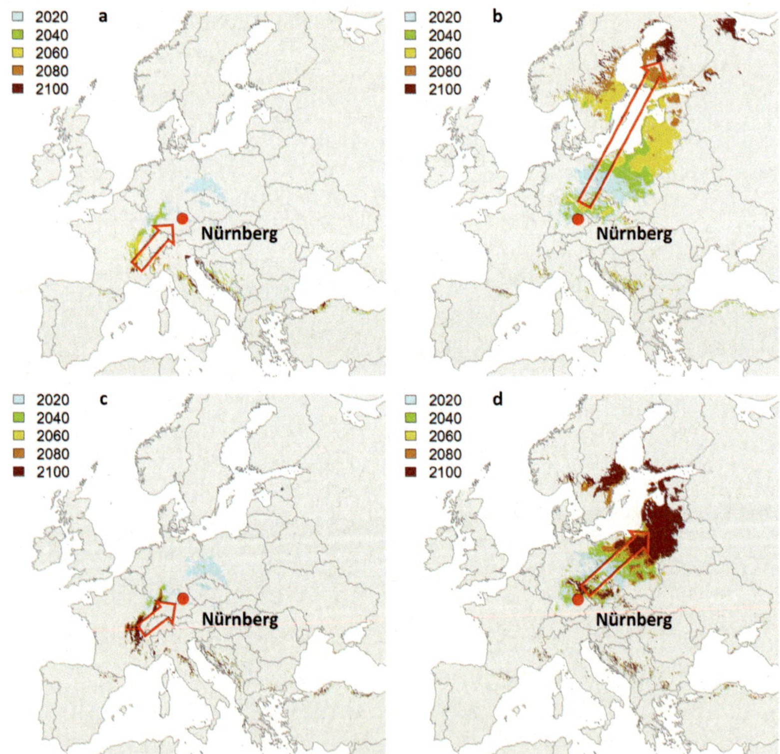

Abbildung 36: Wir bekommen in Nürnberg ein neues Klima aus dem Süden, und unser bisheriges Klima wandert nach dem Nordosten: Der Klimawandel löst viele der Verknüpfungen, die sich in Jahrtausenden zwischen Klima und Wald in Europa gebildet haben. Die klimatische Landkarte Europas wird neu gezeichnet. Können die Baumarten folgen? a: zuwanderndes Klima RCP 8.5, b: abwanderndes Klima RCP 8.5, c: zuwanderndes Klima RCP 4.5, d: abwanderndes Klima RCP 4.5

10 Flaumeiche

Die Flaumeiche ist in Deutschland auf wenige kleinste Vorkommen, z. B. in Südbaden, beschränkt. Im Gegensatz dazu besetzt sie große Teile des Mittelmeerraums und nördlich anschließender Gebiete. Daher ist die Flaumeiche eine echte Zukunftsbaumart aus der Gruppe der Aufsteiger.

In den südlichen Zwillingsregionen für Nürnberg mischt sich die Flaumeiche mit der Traubeneiche und löst sie schließlich weiter südlich ab. Es ist daher günstig, Anpflanzungen oder Naturverjüngungen der Traubeneiche mit Flaumeichen anzureichern und ihre Widerstandskraft gegen Dürre auf diese Weise zu steigern.

Die Flaumhaare auf den jungen Zweigen und auf der Blattunterseiten sind bei der Flaumeiche ein effektiver Verdunstungsschutz für die jungen empfindlichen Gewebe. Das Holz der Flaumeiche dient vorwiegend als Brennholz. Bei dieser Baumart sind die Ökosystemdienstleistungen wie der Schutz vor Bodenabtrag eindeutig prioritär. Da in unseren Wäldern bisher keine Flaumeichen vorkommen, muss man die ersten Flaumeichen pflanzen und darauf hoffen, dass sie sich nach einer Wartezeit von selbst weiterverbreiten.

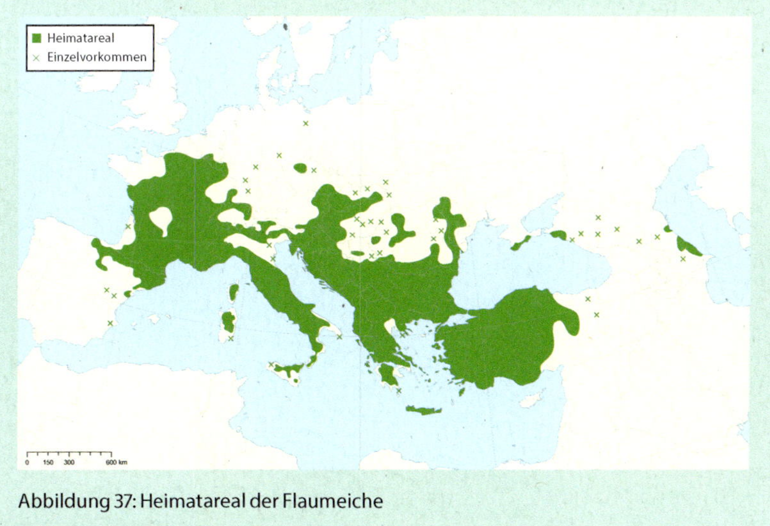

Abbildung 37: Heimatareal der Flaumeiche

Ein interessanter Funfact zum Schluss: Trüffelpilze gehen eine besondere Verbindung zu Flaumeichen ein. Wenn es gelänge, die Trüffel zusammen mit dem Klima und den Flaumeichen nach Mitteleuropa zu bringen, dann könnte man das Spektrum möglicher Nutzungen um eine attraktive Facette erweitern.

Abbildung 38: Flaumeiche in der südfranzösischen Zwillingsregion zu Nürnberg

Ein weiterer Gedanke drängt sich auf. Man kann die Wanderung unseres Klimas nach Nordosten auch aus der Perspektive der dortigen Wälder und ihres Forstpersonals betrachten. So wie wir in den Süden geblickt haben, um uns von dort die Anregungen für den Zukunftswald zu holen, so können die Verantwortlichen in Skandinavien nach Südwesten schauen und in den ihnen zugehörigen Zwillingsregionen lernen. Diese liegen merkwürdigerweise bei uns und bieten der Forstwirtschaft in Skandinavien gute Möglichkeiten des Lernens in der Ferne. Auch die Forstleute in Skandinavien könnten sich bei uns nach neuen Baumarten und Herkünften umsehen und diesen die unterstützte Wanderung ermöglichen. Anhand dieser einfachen Überlegungen sieht man die wahre Dimension der notwendigen Klimawandelanpassung. Sie betrifft nicht nur die Wälder in Deutschland, Bayern oder Mittelfranken, sondern auch solche in ganz Europa und weltweit. Nichts wird künftig für den Wald so sein, wie es einmal war. Die transnationalen Verknüpfungen über die Zwillingsregionen erster und zweiter Ordnung zeigen die Notwendigkeit der Zusammenarbeit zwischen den nationalen Gesellschaften und ihren Forstwirtschaften. Uns stehen spannende Zeiten bevor.

Das Wichtigste in Kürze

Wir sind mit dem Problem der Klimawandelanpassung der Wälder nicht allein. Deshalb ist die Zusammenarbeit über die Landesgrenzen hinweg das Gebot der Stunde. Wir profitieren und lernen durch die Beobachtungen in unseren Zwillingsregionen, gleichzeitig können wir selbst Lehrmeister für andere sein, die unser Klima erhalten.

21 Die Essenz: Wälder in Bewegung

Die von uns überblickten hundert Jahre Waldzukunft werden eine sehr bewegte Periode in der Geschichte der Wälder sein. Hier fassen wir sehr kurz die wichtigsten Elemente zusammen, die erforderlich sind, um sich vom Gegenwartswald zum Zukunftswald zu bewegen. Zuerst identifizieren wir, so gut es geht, die Zwillingsregionen, in denen heute schon das Klima herrscht, das wir bei uns erwarten. Danach schauen wir auf die Baumarten, die in den Zwillingsregionen vorkommen. Mithilfe des Verfahrens der unterstützten Wanderung ermöglichen wir einer Auswahl aus diesen Baumarten, mit der Wanderung des Klimas Schritt zu halten, alle Hindernisse zu überwinden und den Weg in unsere Wälder zu finden. Damit ahmen wir den natürlichen und historisch bewährten Vorgang der Vegetationswanderung nach und stützen uns dabei auf ein Höchstmaß an wissenschaftlicher Evidenz. In unseren Wäldern geben wir vor Ort den ankommenden Baumarten aus den Zwillingsregionen ein neues Zuhause. Wir gehen dabei nach dem Prinzip der bedachten Anreicherung vor, indem wir die neuen Elemente auf eine sanfte Art mit den alten Elementen kombinieren. Wir vermeiden brutale Eingriffe auf großer Fläche zugunsten kleinflächiger, minimaler, aber dennoch wirksamer Veränderungen der bestehenden Strukturen. Mit sparsamen und gut verteilten Pflanzungen ergänzen wir die natürliche Verjüngung der Wälder. Wir pflegen die Vorkommen der Neuankömmlinge, sodass diese sich wohlfühlen und so vital aufwachsen, dass sie bald Nachkommen haben und sich vermehren. Mit diesem durchdachten Verfahren erzielen wir in relativ kurzer Zeit eine brauchbare und flächenwirksame Anpassung. Da wir stets kleinflächig arbeiten, haben wir die besten Möglichkeiten, unser Handeln laufend an neue Erkenntnisse anzupassen und damit auf Fehlentwicklungen und Irrtümer zu reagieren. Wir arbeiten nicht dogmatisch und starr, sondern adaptiv und flexibel. Wir sind überzeugt, dass auf diese Weise ein Zukunftswald entstehen kann, der den Namen verdient.

11 Steineiche

Die Steineiche ist eine immergrüne Laubbaumart. Ihre Blätter bleiben den Winter über am Baum. Im Mittelmeerraum geht das, weil die Winter weitgehend frostfrei sind und sich die produktive Zeit vom dürren Sommer auf den feuchten Winter verlagern kann. Die von der Steineiche und anderen immergrünen Baumarten gebildeten Wälder nennt man auch Hartlaubwälder. Die Blätter der Steineiche sind nämlich zäh und ledrig. So können sie Dürrezeiten überstehen und sind bereits am Baum, wenn der feuchte Winter beginnt. Gegen den Verbiss durch Tiere sind sie bisweilen am Rand stechpalmenartig mit Blattdornen bewehrt, andere Spielarten dieser vielfältig gestalteten Eiche haben einen dornenlosen und ungezähnten Blattrand.

In den südlichsten Zwillingsregionen für Nürnberg kommen Steineichen vor. Wenn man sie in der Gegenwart in unserem Raum anbaut, hat man auf jeden Fall noch mit Frostschäden zu rechnen. Die große Zeit der Steineiche bricht bei uns erst später an, wenn der Klimawandel mächtig Fahrt aufgenommen hat und unsere Winter annähernd frost-

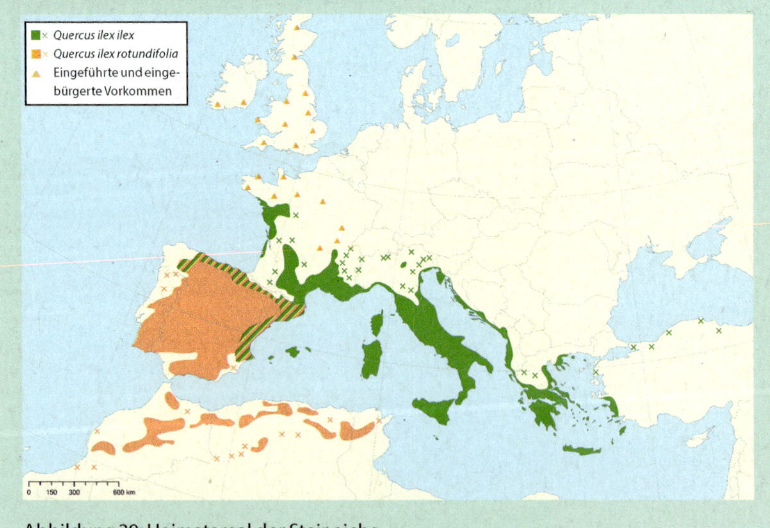

Abbildung 39: Heimatareal der Steineiche

frei geworden sind. Schon jetzt gibt es weit außerhalb des natürlichen Areals erfolgreiche Anpflanzungen der Steineiche auf den nahezu frostfreien Britischen Inseln bis hinauf nach Schottland.

Steineichen sind kleine und lichtbedürftige Bäume, die man bei uns derzeit nur als erstes Experiment z. B. im Pflanzrad anpflanzen sollte. Um ihnen das Überleben zu erleichtern, sollte man Frostlagen meiden und für gute Belichtung und schwache Konkurrenz sorgen. Mit etwas Glück bringt man die Bäume über die schwierige Jugendzeit hinweg. Wenn sie erst über fünf Meter hoch sind, ist die Hauptgefahr durch bodennahe Kaltluft gebannt. Das Holz der Steineiche ist leider zu nichts anderem als zum Verbrennen geeignet. Bei dieser Baumart stehen die Ökosystemdienstleistungen wie Erosionsschutz, Beschattung des Bodens und Kühlung der Landschaft eindeutig im Vordergrund.

Abbildung 40: Steineiche in der südfranzösischen Zwillingsregion zu Nürnberg

Häufig gestellte Fragen

Über die Zukunft kann man ohnehin nur spekulieren. Keiner weiß, was passiert. Sollte man nicht eher abwarten, bis wir klüger sind? Bis dahin können wir auf dem eingeschlagenen Weg voranschreiten.

»Prognosen sind schwierig, vor allem wenn sie sich auf die Zukunft beziehen.« Dieser Satz, der der Skepsis über Zukunftsaussagen Ausdruck verleiht, wird unter anderem dem Komiker Karl Valentin (1882–1948) zugeschrieben. Nur im Hier und Jetzt zu leben hat sicher einiges für sich. Beim Umgang mit Wäldern gehören Annahmen über die Zukunft immer zum Geschäft, man kommt nicht drum herum. Großer ökonomischer und ökologischer Schaden kann entstehen, wenn man in der Forstwirtschaft die Zukunft ausblendet und einfach die Vergangenheit fortschreibt. Wälder anzupassen ist ein zeitraubender Vorgang, der einen großen zeitlichen Vorlauf benötigt. Abwarten verkürzt und verkleinert die Handlungsspielräume. Für alle Fragen, die sich um Wald im Klimawandel drehen, ist es wesentlich besser, auf Vorwissen zu bauen, anstatt sich auf das zwar sichere, aber immer verspätete Nachwissen der eigenen Erfahrung zu verlassen.

Die Unterschiede zwischen Tag und Nacht sowie zwischen Winter und Sommer sind doch viel größer als die paar Grad, die uns der Klimawandel beschert. Bäume halten diese Schwankungen schon immer aus. Warum soll dann der Klimawandel einen so großen Einfluss haben?

Mit dem Begriff »Klima« wird der durchschnittliche Zustand der Atmosphäre einschließlich aller täglichen, jahreszeitlichen und jährlichen Schwankungen beschrieben. Die kurz- und mittelfristigen Schwankungen kennzeichnet man mit den Begriffen »Wetter« und »Witterung«. Beim Klima geht es um eine längere Periode von mindestens 30 Jahren. Wenn sich in dieser Zeit etwas an den Durchschnittswerten ändert, dann liegt das auch an der Höhe der Einzelwerte. Bestimmte Extremwerte treten dann häufiger auf und haben enormen Einfluss auf die Wälder. Allerdings wird der Wandel im Wald häufig erst längere Zeit nach dem Einsetzen des Klimawandels als Vitalitätsverlust, Trockenschaden oder sonstiges Schadereignis sichtbar. Trends und Schwankungen lassen sich auch jährlich an den europaweiten, auf Stichproben basierten Waldzustandsberichten ablesen.

Die Ähnlichkeiten zwischen der Zukunft am Ausgangsort und der Gegenwart in den Zwillingsregionen beruhen auf nur drei klimatischen Durchschnittsgrößen: Sommertemperatur, Sommerniederschlag und Wintertemperatur. Ist das nicht ein bisschen wenig, spielen nicht auch noch andere Größen, zum Beispiel Extremwerte, eine Rolle?

Ein nicht auszurottendes Vorurteil in der Wissenschaft geht davon aus, dass man der Wahrheit umso näher kommt, je mehr Eigenschaften man betrachtet. Es kommt jedoch nur selten darauf an, alles zu beschreiben, was man sehen und messen kann. Die Kunst liegt vielmehr darin, die wesentlichen Dinge zu schildern und die unwesentlichen wegzulassen. In vielen Studien zur großräumigen Verbreitung von Baumarten hat sich herausgestellt, dass die drei Durchschnittsgrößen Sommertemperatur, Sommerniederschlag und Wintertemperatur zumindest in Mitteleuropa einen sehr großen Einfluss auf das Vorkommen und Nichtvorkommen von Baumarten haben. Das liegt daran, dass diese Größen in besonderer Weise für Sommerdürre und Winterfrost stehen, die bei uns die beiden Haupthindernisse für ungestörtes Baumwachstum sind. Zusätzlich sind es diese drei Größen, deren Änderungen sich im Klimawandel besonders gut beschreiben lassen. Extremwerte lassen sich nicht besonders gut handhaben, weil sie so selten und nicht unbedingt großräumig auftreten. Gewiss haben sie, einzeln betrachtet, einen großen Effekt auf akute und regional konzentrierte Schäden. Bei häufigerem und überörtlichem Auftreten werden diese Extremwerte jedoch auch in veränderten Durchschnittswerten von Sommertemperatur, Sommerniederschlag oder Wintertemperatur abgebildet.

In den Zwillingsregionen ist alles anders. Die Landschaften dort sind mit den unsrigen ja gar nicht zu vergleichen. Dort hat der Wald eine andere Geschichte, und selbst die Tageslänge stimmt nicht überein. Vergleicht man mit dem Verfahren der Zwillingsregionen nicht Äpfel mit Birnen?

Das Schöne an den Zwillingsregionen ist, dass sie in nur drei wesentlichen klimatischen Größen dem Zukunftsklima am Ausgangsort ähnlich sein müssen. Man schaut also lediglich nach größtmöglicher Ähnlichkeit in drei für das Wohlergehen der Bäume wichtigen klimatischen Größen. Alles andere kann vorerst ausgeblendet werden. In den Zwillingsregionen ist dabei wesentlich mehr Ähnlichkeit angereichert als außerhalb. Die Zwillingsregionen sind in einem Maß ähnlich, das auf unserem Heimatplaneten nicht mehr überboten werden kann. Insofern lohnt es sich nicht, über fehlende Ähnlichkeit in den Zwillingsregionen zu jammern, denn eine bessere Ähnlichkeit kann weltweit ohnehin nicht geliefert werden. Man muss mit den Unvollkommenheiten des Vergleichs leben und die Verschiedenheiten bei der Interpretation von Daten aus den Zwillingsregionen berücksichtigen.

Wie komme ich für meine Region zu den Informationen über die Zwillingsregionen und die darin vorkommenden Baumarten?

Das Verfahren der Analogklimate, das zur Abgrenzung von Zwillingsregionen führt, ist noch sehr jung. Daher gibt es auch noch keine flächendeckenden und für jedermann zugänglichen Informationen. Am Ende der Liste mit den Lesetipps am Schluss des Buchs findet sich eine Webseite von waldwissen.net mit weiterführenden Informationen und Beispielen von Zwillingsregionen für Ausgangsorte in ganz Deutschland. Man kann davon ausgehen, dass die in den Abbildungen 3 bis 4 und 8 bis 9 beispielhaft dargestellten Tools künftig weitere Verbreitung finden und die Gestaltung des Zukunftswalds auch andernorts erleichtern. Falls Sie Waldbesitzer sind, können Sie sich in allen Fragen der Gestaltung des Zukunftswaldes an Ihr zuständiges Forstrevier und den dort zuständigen Berater wenden.

Ist das Kriterium des Vorkommens in den Zwillingsregionen nicht zu streng? Gibt es nicht noch andere Kriterien, zum Beispiel gute Erfahrungen mit bestimmten Baumarten bei uns oder die Urteile von Experten? Ist der Verweis auf die Zwillingsregionen nicht zu dogmatisch und ausschließend?

Wenn wir die Zwillingsregionen richtig definiert, dort zuverlässig gezählt haben und trotz aller Bemühungen nur wenige Treffer erzielen, dann haben wir weltweit kein vorliegendes Testergebnis für ein Gedeihen der fraglichen Baumart unter den gesuchten Bedingungen. Man besorgt sich also mit ungetesteten Baumarten von außerhalb der Zwillingsregionen ausgesprochen wackelige Kandidaten für den Zukunftswald. In diesem Fall sollte man zweimal hinschauen, welche überzeugenden Argumente, Beobachtungen und Erfahrungen für den Einsatz dieser Baumarten sprechen.

Wenn man nun anfängt, fremde Baumarten in unsere Wälder zu bringen, tut man unserer heimischen Lebewelt garantiert nichts Gutes. Jahrzehntelang haben wir versucht, unsere heimische Flora und Fauna vor Invasionen fremder Arten zu schützen. Ist es nicht besser, sich auf heimische und bekannte Arten zu beschränken?

Wenn man begriffen hat, wie fremd und ungewohnt das neue Klima zu uns kommt, dann wäre es sehr unklug, aus dem Dogma des Vorzugs gebietsheimischer Arten heraus weiterhin ausschließlich auf diese Arten zu setzen und damit im künftigen Klima zu scheitern. Wer in den Wäldern nur gebietsheimische Arten verwendet, lässt es zu, dass diese Arten ungebremst mit einem fremden Klima kollidieren, gewissermaßen ins offene Messer laufen. »Wer A sagt, muss auch B sagen«: Wenn sich das Klima verändert, verändert sich auch die Lebenswelt. In der unterstützten Wanderung steuern und begleiten wir einen Änderungsprozess, der seine Wurzel nicht in Willkür, sondern in der Konsequenz des Klimawandels hat. Im Übrigen bleiben ja auch eine ganze Reihe gebietsheimischer Baumarten auf der Positivliste des Mittelfelds und der Aufsteiger.

In der Gruppe der Absteiger befinden sich viele Brotbaumarten der heimischen Forstwirtschaft. Ist es nicht töricht, auf die große Produktivität dieser bewährten Baumarten zu verzichten? Sollte man nicht lieber diese Baumarten bis zu ihrem letzten Verfallsdatum und darüber hinaus nutzen, solange es noch geht?

Wenn man den richtigen Zeitpunkt für die Klimawandelanpassung verpasst hat, dann nehmen die Schäden in einem Maße zu, dass die Situation unbeherrschbar wird. Bei der Baumart Fichte scheint dieser Zeitpunkt in vielen Regionen längst erreicht, vielfach sogar überschritten zu sein. Zu spät zu kommen heißt dann, dem Schaden hinterherzuarbeiten und von äußeren Bedingungen getrieben zu sein. Es gibt einen Zeitpunkt, ab dem ein weiteres Beharren auf veralteten Konzepten einfach nur noch teuer ist und die notwendigen Umstellungen im Wald nur verzögert und erschwert. Es ist ziemlich unwahrscheinlich, dass die alten Rezepte bis zum letzten Stichtag funktionieren werden, zumal dieser Termin gar nicht genau definiert werden kann. Zwischen »gerade noch rechtzeitig« und »leider zu spät« können nur wenige Jahre oder Monate liegen.

Können wir in der Kürze der zur Verfügung stehenden Zeit überhaupt den ganzen Wald verändern?

In der Anfangszeit des Klimawandels dachte man noch, dass man nur ein paar Dinge anders machen müsse, zum Beispiel den Fichtenanbau reduzieren, und ansonsten auf dem üblichen Weg weiterschreiten könne. Je mehr der Klimawandel seine Intensität preisgibt und je gravierender die Schäden werden, desto mehr wird uns bewusst, dass es mit ein paar Schönheitsreparaturen am bestehenden System nicht getan ist. Um große Teile unseres Waldes umzukrempeln und sie klimafest zu machen, fehlen jedoch die Ressourcen. Der beste Weg, Flächenwirksamkeit mit Sparsamkeit der Eingriffe zu verbinden, geht über das additive Verfahren der Anreicherung. Damit verändern wir den Wald kleinflächig und punktuell und gewinnen jede Menge Zeit. Mit einem großflächigen, plantagenartigen Anbau klimafester Baumarten hätten wir tatsächlich keine Chance, rechtzeitig zu einem Ende zu kommen. Daher ist Anreicherung das Gebot der Stunde.

Kann ein guter Boden nicht den Einfluss eines schlechten Klimas ausgleichen?

Nährstoffe aus dem Boden können einen aus großer Hitze und fehlendem Niederschlag resultierenden Wassermangel nicht ausgleichen. Eine eiserne Regel des Pflanzenwachstums besagt, dass man immer diejenige Ressource zugeben muss, die sich gerade im Mangel befindet. Es hilft daher wenig, einem durstigen Baum Nährstoffe anzubieten, um ihm das weitere Wachstum zu ermöglichen. Allerdings hat der Boden über sein Wasserspeichervermögen eine wichtige ausgleichende Funktion für den Weg des Wassers aus dem Niederschlag hinein in den Baum. Man darf aber dabei nie vergessen, dass diese Bodenspeicher auch über Niederschläge gefüllt werden müssen. Der größte Stausee nützt nichts, wenn der Bach, der ihn versorgt, versiegt ist. Eine intensive und lang dauernde klimatische Dürre führt nach einer gewissen Zeit dazu, dass auch der größte Bodenspeicher kein Wasser mehr enthält. In den Zwillingsregionen haben wir alle möglichen Arten von Böden versammelt. Wenn trotz dieser Vielfalt an Bodenspeichern bestimmte Baumarten gar nicht mehr vorkommen, dann hat der Bodenspeicher als ausgleichender Faktor in diesen Fällen offenbar nicht ausgereicht, um die Existenz der Baumart zu sichern.

Kann man nicht Bäume züchten, die den Klimawandel aushalten?

Es ist ein langwieriges und schwieriges Geschäft, Bäume züchterisch zu verändern. Am erfolgversprechendsten ist noch die züchterische Auslese unter den Nachkommen nach bestimmten Kriterien wie z. B. Wachstum. Welche Eigenschaften benötigt werden, um dem Klimawandel besser zu trotzen, ist hingegen noch gar nicht so klar. Soll man die kleinwüchsigen kompakten Bäume auslesen oder diejenigen mit ledrigen Blättern? Oder einfach nur die Überlebenden nach einem sehr starken Dürreereignis?

Hier bekommen wir wieder das Problem, dass wir nach zukünftigen Anforderungen auslesen müssten. Die Testumgebung dafür steht hier bei uns derzeit noch gar nicht zur Verfügung. Ich glaube nicht, dass es in der kurzen zur Verfügung stehenden Zeit gelingen könnte, klimawandelangepasste Bäume zu züchten. Auf jeden Fall ist es aber sinnvoll, nicht nur den Arten aus den Zwillingsregionen die Wanderung zu uns zu ermöglichen, sondern auch den dort angereicherten, genetisch besonders veranlagten Populationen, die die Genetiker »Herkünfte« nennen. Es ist ziemlich wahrscheinlich, dass die Herkünfte aus den Zwillingsregionen mit fortschreitendem Klimawandel den heimischen Herkünften in der Anpassung an das Zukunftsklima überlegen sein werden. Das Verfahren der unterstützten Wanderung kann man nicht nur auf Arten, sondern auch auf Populationen anwenden.

Gibt es neben Pflanzung, Saat und Naturverjüngung noch weitere Verfahren der Waldverjüngung?

Vor allem in den südlichen Zwillingsregionen, aber auch in einigen Regionen Deutschlands gibt es die Waldverjüngung aus dem Stock. Wenn der alte Baum gefällt ist, treiben aus dem Stumpf neue Triebe aus, die nach wenigen Jahren zum neuen Wald herangewachsen sind. Diese Methode der Nieder- oder Mittelwaldwirtschaft ist bei vielen ausschlagfähigen Baumarten ausgesprochen erfolgreich, weil die jungen Bäume das alte üppig dimensionierte Wurzelwerk ihres Vorgängers von Anfang an benutzen können. Damit entfallen für sie die sehr kritische Phase des Keimlingsstadiums und die heikle Phase der Eroberung des Wurzelraums durch die Jungpflanze. Vor allem in den Gebieten, in denen im Frühjahr und Frühsommer häufig Dürre herrscht, haben die Pflanzen aus Stockausschlag so in ihrer Jugend einen großen Startvorteil. Man kann in den Zwillingsregionen nicht nur etwas über die Baumarten und Herkünfte, sondern auch einiges über die zweckmäßigen Formen der Waldverjüngung unter anderen Klimabedingungen lernen. Das Ausnutzen von Stockausschlägen ist eine gute Methode, bereits am Ort vorhandene Baumarten in die nächste Generation zu retten. Für die unterstützte Wanderung ist dieses Verfahren leider nicht geeignet, neue Baumarten müssen nach wie vor zumindest beim ersten Mal gepflanzt werden.

Ist das Vorgehen in der Anreichungskultur nicht viel zu kleinteilig? Wer soll alle die kleinen Trupps wiederfinden? Sind sie nicht ohnehin dem Untergang geweiht?

In der Forstwirtschaft hat man sich an große homogene Behandlungseinheiten aus einer einzigen Baumart gewöhnt. Dort herrschen klare Verhältnisse, die Bäume haben nur mit ihresgleichen zu kämpfen, und man findet diese Einheiten wegen ihres einheitlichen Aussehens draußen leicht wieder. Demgegenüber bedeutet das Anreichern in Form von Trupps einen erhöhten Markierungs- und Dokumentationsaufwand. Später kommt die Kontrolle hinzu, und es wird notwendig, die Bäume intensiv zu betreuen und sie vor übermächtiger Konkurrenz zu schützen. Das alles sind unvermeidbare Folgeinvestitionen in das Unternehmen Anreichungskultur. Es bleibt zu hoffen, dass die Investitionen in Form von erhöhter Vitalität, Stabilität und Qualität der Bäume an den Investor zurückfließen. Allein über die Anzahl der Trupps kann man den gegenwärtigen und späteren Aufwand selbst steuern. Hier macht sich erneut die sparsame Verwendung von Pflanzen positiv bemerkbar: Der Aufwand konzentriert sich auf eine sehr überschaubare Anzahl von Bäumen.

Das Schema des Pflanzrads sieht sehr kompliziert, ja geradezu künstlich aus. Muss man denn so exakt arbeiten, zumal Bäume Naturprodukte sind und keine Spielfiguren? Ist das nicht Forstwirtschaft auf dem Reißbrett?

Bei der Gestaltung eines gemischten Trupps kommt es darauf an, 33 Pflanzen so zu verteilen, dass sie sich nicht im Weg stehen und sich nicht gegenseitig umbringen, sondern vielmehr positiv aufeinander wirken. Dezimeterscharfe Exaktheit ist dabei keinesfalls notwendig, nur sollten die Pflanzen so verteilt sein, dass sie den gestellten Anforderungen genügen. Man könnte auch völlig frei arbeiten, allerdings treten dann schnell technische Probleme auf. Man hätte auf einem Fleck Pflanzen übrig, oder es würden anderswo welche fehlen. Hier hilft es, das Schema einzuhalten, damit die Pflanzen am rechten Ort stehen. Die Ordnung ist weiterhin sehr nützlich, wenn man später die Pflanzen wiederfinden will, um sie zu pflegen oder Ausfälle zu ersetzen. Im Gegensatz zu den Reihenpflanzungen in Plantagen wirkt eine Anreicherungskultur mit mehreren Pflanzrädern aus der Ferne nicht streng geometrisch, sondern in der Anordnung der jungen Bäume relativ natürlich und organisch gewachsen.

Ist es nicht viel zu aufwendig und teuer, sich um Bäume im Zeitraum zwischen Pflanzung und Ernte zu kümmern? Können und müssen die Bäume sich nicht selbst pflegen?

Eine Zeit lang meinte man – und manche meinen das heute noch –, dass Wälder nach dem Prinzip des Prozessschutzes wachsen sollten. Man verjüngt die Bäume natürlich oder setzt sie so intelligent in die Erde, dass sie keine oder nur wenig Pflege benötigen. Erst nach langer Zeit kommt man wieder, um zu ernten. Nach vielen Versuchen hat sich gezeigt, dass im Wald Eingriffe in den Lauf der Dinge immer notwendig sind, wenn man bestimmte Vorstellungen von Vitalität, Stabilität und Qualität verwirklichen will. Je teurer die Investition in die Pflanzung ist und je mehr man auf das ungehemmte Wachstum der Pflanzen bis hin zum Erntebaum angewiesen ist, desto mehr muss man in die Pflege investieren. Das freie Spiel der Naturkräfte wird unter keinen Umständen zu einem ähnlich guten Ergebnis führen wie eine behutsame, aber konsequente Pflege über den gesamten Zeitraum hinweg.

Brauchen wir im Klimawandel mehr oder weniger Totalreservate? Sollte die Natur nicht zumindest im Wald mehr zu ihrem Recht kommen?

In Totalreservaten ist die Natur ganz und gar auf sich gestellt, um sich an den Klimawandel anzupassen. Bevor man sich dazu entschließt, eine Fläche stillzulegen, sollte man eine Prognose über das weitere Schicksal der Baumarten stellen, so wie man das im genutzten Wald auch tut. Nur wenn man sich sicher ist, dass vom Klimawandel keine Gefahren ausgehen, oder wenn man bereit ist, bestimmte Schäden zu akzeptieren, erst dann sollte man eine Stilllegung in Erwägung ziehen. Mit der Stilllegung verzichtet man dann bewusst auf alle Hilfsmaßnahmen der unterstützten Wanderung und der bedachten Anreicherung. Man sollte sich diesen Schritt daher gut überlegen und alle Konsequenzen bedenken. In bestehenden Reservaten kann man ähnliche Überlegungen anstellen. Wenn die Prognosen im betrachteten Reservat ungünstig ausfallen, wird man sich auf der betreffenden Fläche auf ein turbulentes Jahrhundert mit einigen Schäden einstellen müssen.

Wenn wir unsere Denkrichtung ändern sollen, dann heißt das wohl auch, dass wir vorher falsch gedacht und falsch gehandelt haben?

Man muss es vielleicht noch klarer formulieren: Der Wechsel der Denkrichtung wird dadurch erzwungen, dass sich die Verhältnisse geändert haben. Würde es keinen Wandel gegeben, könnte man in den erprobten Denk- und Handlungsmustern unbeirrt fortfahren. Somit ist mit der Anregung, etwas zu ändern, keine Kritik an herkömmlichen, vielfach erprobten und bewährten Mustern verbunden. Diese hatten früher, unter anderen Bedingungen, ihre Gültigkeit und Berechtigung. Erst in der jüngsten Vergangenheit zeigt sich zunehmend, dass anderes Denken und Handeln in der neuen Situation besser geeignet sind.

Was soll das dogmatische Beharren auf Evidenz? Gibt es nicht auch andere Kriterien, wie zum Beispiel den Eigentümerwillen oder die Ratschläge der Experten?

Weil wir in einer pluralen Gesellschaft leben, erzeugt das Beharren auf dem einen wissenschaftlichen Kriterium der Evidenz erheblichen Widerstand. Man ist eher geneigt, auch alternative Wahrheitsquellen zur Kenntnis zu nehmen und sich in Aushandlungsprozesse über die Gestaltung der Zukunft zu begeben, als sich ausschließlich auf Fakten und empirische Beweisführung zu verlassen. Natürlich gibt es noch andere Möglichkeiten als den Rückgriff auf Evidenz, wenn man sein Handeln begründen will. Der Wille als Eigentümer verdient sicher stets Beachtung, doch lassen sich evidente Fakten durch Wünsche allein nicht aus der Welt schaffen. Die Meinung der Experten ist sicher ein nützliches Kriterium. Sofern es wissenschaftliche Experten sind, unterliegen ihre Aussagen aber ebenso der Forderung nach Evidenz. Wenn die Experten auf Evidenz verzichten, sind es streng genommen keine richtigen Experten mehr. An Evidenz kommt niemand vorbei.

Sollten wir nicht viel gelassener den kommenden Ereignissen entgegensehen? Die Natur braucht den Menschen nicht, eher ist es umgekehrt. Irgendetwas wird schon entstehen, wenn unsere Wälder zusammenbrechen, man braucht nur etwas Geduld und gute Nerven.

Es steckt eine gehörige Portion Fatalismus in dieser Frage. Auf die Spitze getrieben, könnte man sie auch so beantworten: Unser Planet wird ewig weiterexistieren, egal was die Menschheit anrichtet. So wahr es ist, dass es immer irgendwie weitergeht, so sehr kommt es doch auch darauf an, *wie* es weitergeht und ob *unsere* Interessen und Bedürfnisse bei einer bestimmten Entwicklung weiterhin befriedigt werden. Solange es uns nicht völlig egal ist, ob draußen überhaupt ein Wald steht und in welchem Zustand er ist, sollten wir alle Möglichkeiten zur Gestaltung und zum unterstützenden Beistand im Wald nutzen. Geduldig zu warten, bis von Natur aus irgendwann ein brauchbarer Waldzustand entsteht, ist für die meisten Entscheider keine Alternative.

Mir ist dieses Bild von der Zukunft zu rosig. Sollte man nicht lieber auf dem Boden der Tatsachen bleiben und sich mit den nächsten Schritten beschäftigen, anstatt über das Leben im Jahr 2100 zu spekulieren?

Es ist gar nicht entscheidend, ob die Annahmen über die Zukunft alle eintreffen werden. Viel wichtiger ist die Kraft, die von solchen Überlegungen auf das Handeln in der Gegenwart übergeht. Nur wenn man Vorstellungen von der Zukunft hat, kann man auch beginnen, sie zu gestalten. In einer dynamischen Zeit wie der unseren ist es sehr gefährlich, sich nur mit dem Hier und Jetzt zu beschäftigen.

Mir gefällt die Ausschließlichkeit nicht, mit der hier von einem bestimmten Zukunftswald geredet wird. Ist nicht jeder Wald ein Zukunftswald?

Jeder Wald ist ein Zukunftswald. Es kommt aber zusätzlich darauf an, wie dieser Zukunftswald aussieht. Die meisten wollen den Wald in eine bestimmte Richtung entwickeln und sich nicht mit allem, was kommt, einfach zufriedengeben. Welcher Zukunftswald unter den vielen zur Wahl stehenden Alternativen tatsächlich entsteht, ist das Ergebnis der Eigentümerentscheidung und eines gesellschaftlichen Aushandlungsprozesses, der in veränderte Normen mündet. Die Wissenschaft kann nur die verschiedenen möglichen Optionen für den Zukunftswald benennen. Welche dieser Optionen verwirklicht werden, liegt in der Hand der Entscheidungsträger.

Tipps zum Weiterlesen

Müller-Kroehling, S., Walentowski, H., Bußler, H., Kölling, C. (2009). Natürliche Fichtenwälder im Klimawandel – Hochgradig gefährdete Ökosysteme. LWF Wissen 63, 70–85. https://www.lwf.bayern.de/mam/cms04/biodiversitaet/dateien/w63_natuerliche-fichtenwaelder.pdf

Kölling, C., Beinhofer, B., Hahn, A., Knoke, T. (2010). »Wer streut, rutscht nicht«. Wie soll die Forstwirtschaft auf neue Risiken im Klimawandel reagieren? AFZ/DerWald 5, 18–22. https://www.researchgate.net/publication/281430776_Wer_streut_rutscht_nicht_Wie_soll_die_Forstwirtschaft_auf_neue_Risiken_im_Klimawandel_reagieren

Kölling, C. (2012). Klimawandelanpassung durch Nichtstun. Anfällige Wälder benötigen aktive Anpassungsmaßnahmen der Forstwirtschaft. LWF aktuell 86, 50–52. https://www.lwf.bayern.de/mam/cms04/biodiversitaet/dateien/a86-klimawandelanpassung-durch-nichtstun.pdf

Kölling, C., Zimmermann, L. (2014). Klimawandel gestern und morgen. Neue Argumente können die Motivation zum Waldumbau erhöhen. LWF aktuell 99, 27–31. https://www.lwf.bayern.de/mam/cms04/wissenstransfer/dateien/a99_klimawandel_gestern_und_morgen_bf_geschuetzt.pdf

Kölling, C., Rothkegel W., Ruppert O. (2020). Das Nelderrad als sparsames und wirksames Pflanzschema. AFZ/DerWald 5, 2020, 42–46. https://www.researchgate.net/publication/351932411_Das_Nelderrad_als_sparsames_und_wirksames_Pflanzschema

Wolfram Rothkegel, Ottmar Ruppert (2020). Anreicherungskulturen. LWF-Merkblatt 46. Bayerische Landesanstalt für Wald und Forstwirtschaft, Juni 2020, 4 S. https://www.lwf.bayern.de/mam/cms04/service/dateien/anreicherungskulturen_mb46_bf.pdf

Kölling, C., Mette, T. (2020). Die Zukunft der Kiefer in Franken. Eine Zeitreise in den Klimawandel. LWF aktuell 2, 2020, 14–17. https://www.lwf.bayern.de/mam/cms04/boden-klima/dateien/a125_zukunft_der_kiefer_in_franken_koelling.pdf

Kölling, C., Mette, T. (2021). Waldzukunft zum Anfassen: Woher kommt unser neues Klima. AFZ/DerWald 11, 2021, 16–20. https://www.researchgate.net/publication/351932400_Waldzukunft_zum_Anfassen_Woher_kommt_unser_neues_Klima

Brandl, S., Mette, T. (2021). ANALOG – Waldzukunft zum Anfassen. Klimawandel und Baumartenwahl: Beispiel Frankenwald. LWF aktuell 3, 2021, 42–45. https://www.lwf.bayern.de/mam/cms04/boden-klima/dateien/a130_analog_-_waldzukunft_zum_anfassen.pdf

Ruppert, O., Rothkegel, W., Stefan Tretter, S. (2021). Waldpflege im Klimawandel Klimaangepasster Waldbau auf den »Punkt« gebracht. LWF aktuell 1, 2021, 31–35. https://www.lwf.bayern.de/mam/cms04/waldbau-bergwald/dateien/a128_waldpflege_im_klimawandel.pdf

Mette, T., Brandl, S., Kölling, C. (2021). Climate Analogues for Temperate European Forests to Raise Silvicultural Evidence Using Twin Regions. Sustainability 2021, 13, 6522. https://doi.org/10.3390/su13126522

Kölling, C., Mette T. (2022). Wälder im Klimawandel – Neues Klima erfordert neue Baumarten. In: K. Berr und C. Jenal (Hrsg.), Wald in der Vielfalt möglicher Perspektiven, RaumFragen: Stadt – Region – Landschaft, Springer VS Verlag. https://doi.org/10.1007/978-3-658-33705-6_7

Brandl, S., Mette, T., Kölling, C. (2021). ANALOG – Waldzukunft zum Anfassen. wald-wissen.net. Onlineversion 17.02.2021 https://www.waldwissen.net/de/waldwirtschaft/waldbau/forstliche-planung/analog-waldzukunft-zum-anfassen

Kölling, C., Mette, T., Brandl, S., Šeho, M. (2023). Neues Klima erfordert neue Wälder. AFZ/DerWald Heft 17/23 15–19. https://www.researchgate.net/publication/373652437_Neues_Klima_erfordert_neue_Walder

San-Miguel-Ayanz, J., De Rigo, D., Caudullo, G., Durrant, T., Mauri, A. (Eds.) (2015) European Atlas Forest Tree Species. Publications Office of the European Union, Luxembourg, ISBN 978-92-79-52833-0 (pdf), 978-92-79-36740-3 (print), doi: 10.2788/038466 (online), 10.2788/4251 (print), JRC98076. https://publications.jrc.ec.europa.eu/repository/bitstream/JRC98076/lb-04-14-282-en-n.pdf

Bildnachweis